W0352364

SO FUHR DER OSTEN
ROADS OF EASTERN EUROPE
SUR LES ROUTES DE L'EST

St. Ola
386 MBB

Klaus Schameitat

SO FUHR DER OSTEN

Pkw, Lkw, Busse, Bahnen: Technik- und Design-Ikonen des Ostblocks

ROADS OF EASTERN EUROPE

Cars, trucks, buses and trains: the legendary vehicles of the Eastern Bloc

SUR LES ROUTES DE L'EST

Voitures, camions, bus et trains : les véhicules mythiques du bloc de l'Est

Nostalgische Stimmung an der Ostsee: Lada vor der Fähre nach Hiiumaa. Foto: Rohuküla/Estland, 2005.

Nostalgic atmosphere at the Baltic Sea: a Lada in front of the ferry towards Hiiumaa. Photo: Rohuküla/Estonia, 2005.

Ambiance nostalgique sur la mer Baltique : une Lada devant le ferry vers Hiiumaa. Photo : Rohuküla/Estonie, 2005.

SCHNEIDER MEDIA

IMPRESSUM IMPRINT MENTIONS LÉGALES

Copyright 2018 by
SCHNEIDER MEDIA
1. Auflage, Originalausgabe
Alle Rechte vorbehalten. Vervielfältigung und Verbreitung, Wiedergabe durch elektronische Medien sowie Fotokopie, Erfassung und Nutzung auf elektronischen Datenträgern und Netzwerken sowie in Internet-Portalen nicht gestattet.

Bildnachweis
Alle Fotos: Klaus Schameitat, außer S. 5: Anne-Bettina Schameitat, S. 177 Mitte links: Thomas Lang, S. 186 oben: CC BY-SA 3.0, https://commons.wikimedia.org/w/index.php?curid=741888

Umschlaggestaltung & Lektorat
Dr. Valentin Schneider

Herstellung
Gestaltung, Redaktion:
Hans-Jürgen Schneider
Digitale Produktion:
Vincent Schneider
Übersetzung ins Englische:
Johanna Schneider
Übersetzung ins Französische:
Vincent Schneider

Druck
Westermann Druck Zwickau GmbH

Vertrieb
Für Deutschland, Österreich, Schweiz, Großbritannien und USA:
Delius Klasing Verlag GmbH
Siekerwall 21
D-33602 Bielefeld
Tel.: 0521/5590
Fax: 0521/559115
E-Mail: info@delius-klasing.de
Für Frankreich und frankophone Länder:
CAP Diffusion Rennes
E-Mail: commercial@edilarge.fr

Verlag
SCHNEIDER MEDIA
E-Mail: info@schneider-media.eu
Web: www.schneider-media.eu
ISBN (D/A/CH): 978-3-667-11231-6
Gedruckt in Deutschland

Copyright 2018 by
SCHNEIDER MEDIA
1st edition, original edition
All rights reserved. No part of this book may be used or reproduced in any form. A copy or reproduction by any means, whether photograph, microfiche, magnetic tape, CD-ROM, DVD, over the Internet or otherwise, constitutes an infringement subject to the penalties provided for in the French Copyright Act of 11 March 1957.

Picture credits
All pictures: Klaus Schameitat, except p. 5: Anne-Bettina Schameitat, p. 177 centre left: Thomas Lang, p. 186 above: CC BY-SA 3.0, https://commons.wikimedia.org/w/index.php?curid=741888

Cover design & editing
Dr. Valentin Schneider

Production
Layout, editorial office:
Hans-Jürgen Schneider
Digital production:
Vincent Schneider ▮▶

▮▶ Translation into English:
Johanna Schneider
Translation into French:
Vincent Schneider

Printed by
Westermann Druck Zwickau GmbH

Distribution
For Germany, Austria, Switzerland, UK and USA:
Delius Klasing Verlag GmbH
Siekerwall 21
D-33602 Bielefeld
Germany
tel.: + 49 (0) 521/5590
fax: + 49 (0) 521/559115
e-mail: info@delius-klasing.de
For France and French-speaking countries :
CAP Diffusion Rennes
e-mail : commercial@edilarge.fr

Publishing house
SCHNEIDER MEDIA
e-mail: info@schneider-media.eu
web: www.schneider-media.eu
ISBN (UK, USA): 978-3-667-11323-8
Printed in Germany

Copyright 2018 by
SCHNEIDER MEDIA
1re édition, édition d'origine
Tous droits réservés. Toute reproduction, même partielle, de cet ouvrage est interdite. Une copie ou reproduction par quelque procédé que ce soit, photographie, microfiche, bande magnétique, CD-ROM, DVD, par Internet ou autre, constitue une contrefaçon passible de peines prévues par la loi du 11 mars 1957 sur la protection des droits d'auteur.

Crédits photographiques
Toutes les photos : Klaus Schameitat, sauf p. 5 : Anne-Bettina Schameitat, p. 177 au milieu à gauche : Thomas Lang, p. 186 en haut : CC BY-SA 3.0, https://commons.wikimedia.org/w/index.php?curid=741888

Couverture & édition
Dr. Valentin Schneider

Production
Mise en page, rédaction :
Hans-Jürgen Schneider
Production numérique :
Vincent Schneider
Traduction vers l'anglais :
Johanna Schneider
Traduction vers le francais :
Vincent Schneider

Imprimé par
Westermann Druck Zwickau GmbH

Diffusion et distribution
Pour l'Allemagne, l'Autriche, la Suisse, le Royaume Uni et les États Unis :
Delius Klasing Verlag GmbH
Siekerwall 21
D-33602 Bielefeld
Allemagne
tél. : + 49 (0) 0521/5590
fax : + 49 (0) 521/559115
e-mail : info@delius-klasing.de
Pour la France et les pays francophones :
CAP Diffusion Rennes
e-mail : commercial@edilarge.fr

Maison d'édition
SCHNEIDER MEDIA
e-mail : info@schneider-media.eu
site : www.schneider-media.eu
ISBN (F) : 978-2-911870-38-5
Imprimé en Allemagne

MIX
Papier aus verantwortungsvollen Quellen
FSC® C110508
FSC www.fsc.org

INHALT CONTENTS SOMMAIRE

QUELLEN SOURCES SOURCES

Der Autor dankt für Zustimmung und Unterstützung.
The author wishes to thank those who have supported him and approved of his work.
L'auteur tient à remercier ceux qui l'ont soutenu et qui ont consenti à son travail.

Internetseiten / websites / sites internet
de.wikipedia.org – www.transphoto.ru – www.varjupaik.jjts.ee
www.tatramuseum.cz – www.shk.org.pl

Museen & Institutionen / museums & institutions / musées & institutions

Estland Estonia Estonie
Eesti Maanteemuuseum
Järva-Jaani Vanatehnika Varjupaik

Tschechien Czech Republic Tchéquie
Technické Muzeum Tatra

Auf den Straßen Osteuropas – eine Zeitreise

Als **Geographie-Student** fuhr ich regelmäßig ostwärts. Ich war neugierig. Eine unbekannte Welt lag fast vor der eigenen Haustür! Ende der 1970er Jahre hatte sich ein Europa-Bild verfestigt, das nur aus der Westhälfte bestand. Der **„Ostblock"**, die sozialistischen Staaten, gehörte nicht dazu. Die politische Situation gab genug Anlass zu dieser Sichtweise. Weit verbreitet war eine diffuse Angst, dorthin zu fahren. Die Einreise in die DDR konnte mit Schikanen verbunden sein, die Verhältnisse in Rumänien waren tatsächlich deprimierend. Freilich gab es **bürokratische Hürden,** aber ein Visum ließ sich durchaus besorgen. Ungarn wirkte vergleichsweise liberal, und Jugoslawien wartete geradezu auf uns Westeuropäer. Inzwischen bin ich **Estland-Fan** und war schon 26-mal dort.

Auf meinen **zahlreichen Autoreisen durch den Osten** habe ich fast nie Probleme gehabt, hingegen sehr viel gesehen: schöne Landschaften, historische Orte, auch die Auswirkungen von Diktatur und Planwirtschaft. Es waren schlicht die Realitäten. Diese zu dokumentieren machte ich mir fortan zur Aufgabe, wohl in der Vorahnung, dass irgendwann ein **grundlegender Wandel** erfolgen könnte. Man muss kein Autofreak sein, um sich einzugestehen, dass Stadtbilder nicht nur von interessanter Architektur, sondern auch vom **Aussehen der Fahrzeuge** geprägt werden. Diese einfach als abstrakte Transportkapazität abzutun, wird den Tatsachen nicht gerecht. **Autos haben Gesichter,** ihr Design repräsentiert eine Epoche. Der Straßenverkehr unterliegt stetigen Veränderungen, die das Datieren von Fotos erleichtern. Ein Gebäude steht über hundert, ein durchschnittlicher Pkw existiert fünfzehn Jahre, unablässig geraten neue Modelle in unser Blickfeld. Im Osten war der Fortschritt wesentlich langsamer, beinahe ein Stillstand. Doch nichts währt ewig.

Eher nebenbei fotografierte ich unterwegs einzelne bemerkenswerte Vehikel. **Nach 1990** wich die einstige Überzahl osteuropäischer Marken eilig importierten Gebrauchtwagen, deren deutsche Herkunft teils noch erkennbar war. Es wurde höchste Zeit, **die sozialistische Autowelt** und entsprechende Straßenszenen **gezielt zu dokumentieren.** Auch vormals typische Alltagsfahrzeuge wurden nun interessant. Um 2010 war der Bestand schon sehr gering, vor allem in Staaten wie Slowenien, Tschechien oder Estland. Im Straßenbild Südosteuropas gehören Lada und andere anachronistische Modelle auch heute noch (2017) dazu.

Diese **Dokumentation** zeigt anhand von **über 800 Aufnahmen** aus dem **Zeitraum 1974-2017** eine Vielzahl osteuropäischer **Pkw-Modelle,** deren Produktion **vor 1990** begann; auch **Lkw, Busse, Straßenbahnen und Lokomotiven** werden gezeigt, oft aufgelockert durch ein wenig Lokalkolorit. Zu allen Bildern sind jeweils Aufnahmeort und -jahr angegeben.

On Eastern European roads – a voyage back in time

As a **geography student** I regularly travelled eastwards. I was curious. An unknown world was almost in front of my own doorstep! At the end of the 1970s, an image of Europe was imprinted which only consisted of the Western half. The **"Eastern Bloc",** the Socialist countries, did not belong to it.

The political situation was reason enough for this point of view. A general fear of travelling was widely spread. The entrance into the GDR was connected with possible harassment; the conditions in Romania were in fact really depressing. In spite of **bureaucratic hurdles** you could still obtain a visa. Hungary seemed comparatively liberal and Yugoslavia was almost waiting for us Western Europeans. I am nowadays an **Estonia fan** and have already travelled there 26 times.

I almost never had any problems during **my numerous road trips through the East,** however, I have seen a lot: beautiful landscapes, historic places and also the effects of dictatorship and planned economy. This is how it was. I made it my task to document all of this, but with the premonition that **fundamental changes** could take place later. You do not have to be a car fanatic to admit that a city image is not only marked by interesting architecture, but also by **the appearance of vehicles.** To simply define them as means of transport does not lead to the heart of the matter. **Cars have faces** and their design represents an era. The traffic changes constantly which makes it easier to date the photos. A building lasts more than a century; an average car lasts for fifteen years, new models constantly appear around us. The progress in the East was much slower, almost a standstill. But nothing lasts forever.

I almost accidentally took photos of some remarkable vehicles on my trips. **After 1990** the former majority of Eastern European brands were replaced by hastily imported second hand vehicles whose German origin was still partly recognizable. It was about time to document the history of **the socialist car industry** and the respective street scenery. The former everyday vehicles now also became interesting. Around 2010 their existence was already sparse especially in countries like Slovenia, Czech Republic or Estonia. Lada and other anachronistic models are still today (2017) part of the streetscape in Southeast European countries.

For the **period of 1974 until 2017** this **documentation** presents the variety of East European **car models** built **before 1990** with **more than 800 photos.** Also **trucks, buses, trams and locomotives** are shown, often mixed with the portrayal of local colour. Place and date are indicated for all pictures.

Sur les routes de l'Est – un voyage dans le temps

Lorsque j'étais **étudiant en géographie,** il m'arrivait souvent de m'aventurer vers l'est. J'étais curieux. Un monde inconnu se trouvait presque au pied de la porte ! À la fin des années 1970, l'image qu'on se faisait de l'Europe se limitait aux pays de la moitié Ouest. Le **« bloc de l'Est »,** les États socialistes, n'en faisaient pas partie. La situation politique renforçait encore ce point de vue. On avait une peur irrationnelle d'y aller. L'entrée en RDA ne se faisait pas sans tracas, et les conditions de vie en Roumanie étaient véritablement déprimantes. Il existait bien entendu des **obstacles bureaucratiques,** mais il était néanmoins possible de se procurer un visa. En comparaison, la Hongrie était plutôt libérale, et la Yougoslavie attendait les Européens de l'Ouest à bras ouverts. Avec le temps, je me suis **passionné pour l'Estonie,** et je m'y suis déjà rendu 26 fois.

Au cours de **mes innombrables voyages en voiture à travers l'Est,** j'ai rarement eu des problèmes, mais j'ai vu énormément de choses : des paysages somptueux, des sites historiques, mais aussi les conséquences de la dictature et de l'économie planifiée. La réalité de ces pays, tout simplement. Je me suis donné pour objectif de la documenter, présumant qu'il pourrait bientôt y avoir un **changement radical.** Pas besoin d'être passionné de voitures pour reconnaître que l'image d'une ville n'est pas uniquement marquée par une architecture intéressante, mais aussi **par les véhicules** qui y circulent. Il serait injuste de les définir simplement comme moyens de transport abstraits. **Les voitures ont un visage,** leur design reflète une époque. Le trafic routier subit des changements en permanence, ce qui facilite grandement la datation des photos. Un bâtiment peut subsister pendant plus de cent ans, mais une voiture moyenne est remplacée après quinze ans de service. Sans cesse de nouveaux modèles entrent dans notre champ de vision. À l'Est, le progrès a été beaucoup plus lent, voire stagnant. Mais rien n'est éternel.

Au cours de mes voyages, j'ai commencé, juste pour le plaisir, à photographier des véhicules remarquables. Mais **après 1990,** les marques d'Europe de l'Est ont rapidement fait place à des modèles d'occasion dont on pouvait parfois deviner l'origine allemande. J'ai alors compris qu'il fallait absolument **documenter ce monde automobile socialiste** et les scènes de rue correspondantes avant qu'il ne soit trop tard. Même les véhicules qui étaient communs autrefois suscitent aujourd'hui un intérêt grandissant. Vers 2010, les voitures de l'Est étaient déjà devenues très rares, surtout dans des pays comme la Slovénie, la République tchèque ou l'Estonie. Dans le sud-est de l'Europe en revanche, les Lada et d'autres modèles anachroniques font aujourd'hui encore (2017) partie de la circulation.

Avec **plus de 800 photos** prises **entre 1974 et 2017,** cette documentation présente un grand nombre de **modèles de voitures** d'Europe de l'Est, dont la production a commencé **avant 1990,** mais aussi des camions, des **bus, des tramways et des locomotives,** enrichie par des scènes de la vie quotidienne. Pour toutes les photos, le lieu et la date de la prise de vue sont indiqués.

***Klaus Schameitat** unterwegs (Foto: bei Talsi/Lettland, 2012). Der Autor, Jahrgang 1958, ist Gymnasiallehrer (Geographie/Latein) und wohnt in Mönchengladbach. Seine privaten Interessenschwerpunkte sind Ost- und Nordeuropa sowie das Fotografieren. Bisherige Bücher: landeskundliche Reiseführer über Estland, Slowenien.*

***Klaus Schameitat** on the road (Photo: near Talsi/Latvia, 2012). The author, born in 1958, works as a high school teacher (Geography/Latin) and lives in Mönchengladbach (Germany). His personal fields of interest include East and North Europe as well as Photography. Previous publications: regional travel guides of Estonia and Slovenia.*

***Klaus Schameitat** lors d'un de ses voyages (photo : près de Talsi/Lettonie, 2012). L'auteur, né en 1958, est professeur de lycée en Allemagne (géographie/latin) et vit à Mönchengladbach. Ses centres d'intérêts personnels sont l'Europe de l'Est et du Nord et la photographie. Livres publiés : guides touristiques et géographiques sur l'Estonie et la Slovénie.*

November 2017
November 2017
Novembre 2017

Klaus Schameitat

1

RUSSLAND
RUSSIA
LA RUSSIE

Von der Ostsee bis zum Ural
From the Baltic Sea to the Urals
De la mer Baltique à l'Oural

2

3

4

Ein riesiges Land! Es nimmt den größten Teil Osteuropas ein. Wälder, Seen, goldene Kuppeln überall, aber auch triste Wohnblocks, schiefe Holzhäuschen, Fabrikruinen. Die Verhältnisse in den Stadtzentren unterscheiden sich drastisch vom Leben in der Provinz. Während uns der robuste Lada als russischer Autoklassiker noch allenthalben begegnet, sind andere Sowjetmodelle inzwischen rar. Zweitakter à la DDR sucht man in Russland ohnehin vergeblich.

A vast country! It forms the largest part of Eastern Europe. Forests, lakes and golden onion domes everywhere, but also dreary residential blocks, wonky little wooden cottages and factory ruins. The conditions in the city centres differ drastically from life in the provinces. While the robust Russian classic Lada models can still be seen everywhere, other Soviet models have become rare. And the two-stroke cars from GDR are non-existent anyway.

Un pays immense ! Il s'étend sur une grande partie de l'Europe de l'Est. Des forêts, des lacs, des coupoles dorées partout, mais aussi des blocs résidentiels mornes, des cabanes en bois biscornues, des usines en ruines. Les conditions dans les centres-villes sont à l'opposé de la vie en province. Alors que la robuste Lada, voiture russe par excellence, est encore visible à tous les coins de rue, les autres modèles soviétiques se font plus rares. Les voitures à moteur deux-temps de RDA sont quant à elles inexistantes en Russie.

1: Autokennzeichen: Die Zahl in dem separaten Feld rechts ist der Regionalcode. 39 steht für Gebiet Kaliningrad, das einstige Königsberg.
2: Bunte Kuppeln der Basilius-Kathedrale am Roten Platz in Moskau. Foto: 2002.
3: Sowjetische Briefmarken aus dem Jahr 1971: oben ein GAZ-24 Volga...
4: ...unten ein Moskvič 412 als Motiv.
5: Der öffentliche Nahverkehr leidet unter der maroden Infrastruktur. Foto: Sankt Petersburg, 2001.

1: Car registration: The number in the separate field on the right is the regional code. 39 stands for the area of Kaliningrad, the former Königsberg.
2: Moscow: multicoloured onion domes of the Saint Basil's Cathedral on the Red Square. Photo: 2002.
3: Russian stamps from 1971: above a GAZ-24 Volga...
4: ...and below a Moskvič 412.
5: The public transport suffers from the ailing infrastructure. Photo: Saint Petersburg, 2001.

1 : Plaque d'immatriculation : le nombre dans la partie séparée à droite est le code régional. 39 indique la région de Kaliningrad, anciennement Königsberg.
2 : Moscou : les coupoles colorées de la cathédrale Saint-Basile sur la Place Rouge. Photo : 2002.
3 : Timbres soviétiques de l'année 1971 : en haut une Gaz-24 Volga...
4 : ...et en bas une Moskvič 412.
5 : Les transports en commun souffrent d'une infrastructure vétuste. Photo : Saint-Pétersbourg, 2001.

КНИГИ
11
2016
8155

6

7

6: GAZ-24 Volga, gebaut 1967 bis 1992 im Autowerk Gorkij – russisches Pendant zum Opel Kapitän? Foto: Pečory, 2013.
7: Moskvič 400, gebaut 1947 bis 1956 auf den als Reparationsleistung demontierten Bändern des Opel Kadett 1936; hier mit Nummernschild aus Aserbaidschan. Foto: Moskau 2002.
8: GAZ-21 Volga, gebaut 1956 bis 1968; beide in beklagenswertem Zustand. Foto: Kaliningrad, 2010.
9: Grabstelle aus den 1920er Jahren. Foto: Alexander-Nevski-Kloster Sankt Petersburg, 2013.

6: GAZ-24 Volga, built from 1967 to 1992 in the Gorkij car factory – the Russian counterpart of the Opel Kapitän? Photo: Pečory, 2013.
7: Moskvič 400, built from 1947 to 1956 on the assembly lines of the 1936 Opel Kadett, that were dismantled as means of reparation; here with a registration plate from Azerbaijan. Photo: Moscow 2002.
8: GAZ-21 Volga, built from 1956 to 1968; both in deplorable condition. Photo: Kaliningrad, 2010.
9: Grave from the 1920s. Photo: Alexander Nevski Monastery in Saint Petersburg, 2013.

6 : GAZ-24 Volga, produite de 1967 à 1992 dans les usines automobiles de Gorkij – l'équivalent russe de l'Opel Kapitän ? Photo : Pečory, 2013.
7 : Moskvič 400, produite de 1947 à 1956 sur les chaînes de l'Opel Kadett 1936 démontées à titre de réparation ; ici avec une plaque d'immatriculation d'Azerbaïdjan. Photo : Moscou, 2002.
8 : GAZ-21 Volga, construite de 1956 à 1968 ; toutes deux dans un état déplorable. Photo : Kaliningrad, 2010.
9 : Sépulture des années 1920. Photo : Monastère Alexandre-Nevski, Saint-Pétersbourg, 2013.

9

8

10

11

10: GAZ-13 Čajka, gebaut 1959 bis 1988; repräsentative Limousine für hohe Funktionäre. Der V8-Motor verbraucht über 20 Liter auf 100 km! Foto: Sankt Petersburg, 2013.
11: GAZ-21 Volga; noch mit schwarzem Leningrader Nummernschild. Foto: Sankt Petersburg 2001.

10: GAZ-13 Čajka, built from 1959 to 1988; a representative limousine for high ranking officials. The V8-engine uses more than 20 litres on 100 km! Photo: Saint Petersburg, 2013.
11: GAZ-21 Volga; still with the black Leningrad registration plate. Photo: Saint Petersburg, 2001.

10 : GAZ-13 Čajka, produite de 1959 à 1988 ; une berline de prestige pour les hauts fonctionnaires. Le moteur V8 consomme plus de 20 litres aux 100 km !
Photo : Saint-Pétersbourg, 2013.
11 : GAZ-21 Volga ; avec sa plaque noire d'origine de Léningrad.
Photo : Saint-Pétersbourg, 2001.

12

13

12: Straßenszene vor der Eremitage in Sankt Petersburg 2001: Lada-Modelle prägen noch weitgehend das Straßenbild.
13: Blick über den Gartenzaun: vorn ein ausrangierter Moskvič 407, dahinter ein Kleintransporter des Typs ErAZ-762. Foto: Sergiev Posad, 2002.

12: Street scene in front of the Hermitage in Saint Petersburg 2001: These Lada models still characterize the street scenery.
13: View over the fence: in front a discarded Moskvič 407, in the back a small transporter of the type ErAZ-762. Photo: Sergiev Posad, 2002.

12 : Scène de rue devant l'Ermitage à Saint-Pétersbourg en 2001 : les modèles Lada sont toujours ancrés dans le paysage urbain.
13 : Coup d'œil par-dessus la clôture de jardin : à l'avant une Moskvič 407 abandonnée, derrière une camionnette de type ErAZ-762. Photo : Sergiev Posad, 2002.

14

15

16

17

14: Stadtbus LiAZ-677, gebaut 1968 bis 1994. Wegen unzureichender Kühlung des Ottomotors wurde im Sommer oft mit geöffneter Front gefahren. Foto: Peterhof, 2001.
15: ZIU-Obusse bildeten das Rückgrat aller russischen Obusbetriebe; hier die seltenere Gelenk-Version ZIU-10. Foto: Moskau, 2002.
16: Heckansicht eines LiAZ-677; bei Nutzfahrzeugen war stets das Nummernschild am Heck aufgepinselt. Foto: Peterhof, 2001.
17: Werbung für ein aufgehübschtes Auslaufmodell: GAZ-3110 Volga. Foto: Moskau, 2002.

14: City bus LiAZ-677, built from 1968 to 1994. Because of inadequate cooling of the Otto engine, it was often driven with an open front in summer. Photo: Peterhof, 2001.
15: ZIU trolleybuses formed the backbone of all Russian trolley companies; here the rare articulated version ZIU-10. Photo: Moscow, 2002.
16: Rearview of a LiAZ-677; commercial motor vehicles always had the licence plate painted on the back. Photo: Peterhof, 2001.
17: Publicity for an embellished phased-out model: GAZ-3110 Volga. Photo: Moscow, 2002.

14 : Bus de ville LiAZ-677, construit de 1968 à 1994. En raison d'un manque de refroidissement du moteur Otto, on roulait souvent avec la face avant ouverte en été. Photo : Peterhof, 2001.
15 : Les trolleybus ZIU étaient l'épine dorsale de toutes les sociétés russes de trolleybus ; ici la version articulée ZIU-10, plus rare. Photo : Moscou, 2002.
16 : Vue arrière d'un LiAZ-677 ; sur les véhicules utilitaires, la plaque d'immatriculation était toujours peinte à l'arrière. Photo : Peterhof, 2001.
17 : Publicité pour un modèle en fin de série restylé : GAZ-3110 Volga. Photo : Moscou, 2002.

18

18: Not far away from Saint Petersburg: water art in the park of the Peterhof Grand Palace. Photo: 2013.
19: Lorry GAZ-3307, built from 1989 onwards; with publicity for Pelmeni. Photo: Saint Petersburg, 2013.
20: Again the same model as a troop carrier. Photo: Saint Petersburg, 2013.
21: The predecessor model GAZ-53 was everywhere and was equipped with different superstructures. Photo: Pečory, 2013.
22: Fire truck on GAZ-Basis. Photo: Saint Petersburg 2013.

18 : Non loin de Saint-Pétersbourg : art aquatique dans le parc du château de Peterhof. Photo : 2013.
19 : Camion GAZ-3307, produit à partir de 1989 ; avec une publicité pour Pelmeni.
Photo : Saint-Pétersbourg, 2013.
20 : Le même type de camion en transporteur de troupes.
Photo : Saint-Pétersbourg, 2013.
21 : Son ancêtre, le GAZ-53, était omniprésent et équipé des superstructures les plus variées.
Photo : Pečory, 2013.
22 : Véhicule de pompiers sur base de GAZ. Photo : Saint-Pétersbourg, 2013.

18: Nicht weit von Sankt Petersburg: Wasserkunst im Park der Schlossanlage Peterhof. Foto: 2013.
19: Lastwagen GAZ-3307, gebaut ab 1989; mit Werbung für Pelmeni. Foto: Sankt Petersburg, 2013.
20: Noch einmal derselbe Typ als Truppentransporter.
Foto: Sankt Petersburg, 2013.
21: Das Vorgängermodell GAZ-53 war allgegenwärtig und wurde mit verschiedensten Aufbauten versehen.
Foto: Pečory, 2013.
22: Feuerwehrfahrzeug auf GAZ-Basis.
Foto: Sankt Petersburg, 2013.

19

21

20

22

23

24

25

23: Tatra-Straßenbahn T4 von ČKD Prag, gebaut 1967 bis 1987; der abgebildete Wagen wurde gebraucht aus Halle/ex-DDR übernommen. Foto: Kaliningrad, 2010.
24: KAvZ-3976, gebaut 1992 bis 2008; Kolchosenbus aus dem Werk Kurgan auf Basis des GAZ-3307. Foto: Moskau, 2002.
25: VAZ Lada 2103/2106, gebaut 1973 bis 2005 mit kleinen Änderungen. Der sowjetische Pkw-Klassiker war ein Lizenzbau des Fiat 124. Foto: Sankt Petersburg, 2013.
26: ZIL-130, gebaut 1962 bis 1994, weiter bis 2012 unter der Bezeichnung AMUR-531350. Foto: Sergiev Posad, 2002.

23: Tatra tram T4 built at ČKD Prague between 1967 and 1987; the vehicle shown was originally used in Halle (ex-GDR). Photo: Kaliningrad, 2010.
24: KAvZ-3976, built from 1992 to 2008; a kolkhoz bus from the Kurgan factory built on the basis of the GAZ-3307. Photo: Moscow, 2002.
25: VAZ Lada 2103/2106, built from 1973 to 2005 with small changes. This Russian classic passenger car was a licence-built model of the Fiat 124. Photo: Saint Petersburg 2013.
26: ZIL-130, built from 1962 to 1994, and again until 2012 under the label AMUR-531350. Photo: Sergiev Posad, 2002.

23 : Tramway Tatra T4 de la ČKD de Prague, produit de 1967 à 1987 ; le wagon à l'image a été importé d'occasion depuis la ville de Halle, en ex-RDA. Photo : Kaliningrad, 2010.
24 : KAvZ-3976, produit de 1992 à 2008 ; bus des kolkhozes de l'usine de Kurgan sur base du GAZ-3307. Photo : Moscou, 2002.
25 : VAZ Lada 2103/2106, produite de 1973 à 2005, avec de légères modifications. Cette automobile soviétique classique était une licence de la Fiat 124. Photo : Saint-Pétersbourg, 2013.
26 : ZIL-130, produit de 1962 à 1994, puis jusqu'en 2012 sous la dénomination AMUR-531350. Photo : Sergiev Possad, 2002.

26

27

28

27: Großmutter mit Enkel – eine Straßenszene aus Pečory an der russischen Westgrenze. Foto: 2013.
28: Das berühmte Kloster von Pečory in der Setu-Region, die heute von der russisch-estnischen Grenze zerschnitten wird. Foto: 2013.

27: Grandmother with grandchild – street life in Pečory, situated at the Western border of Russia. Photo: 2013.
28: The famous monastery of Pečory in the Setu region which is today cut by the border between Russia and Estonia. Photo: 2013.

27 : Une grand-mère et son petit-fils – une scène de rue à Pečory, à la frontière occidentale de la Russie. Photo : 2013.
28 : Le fameux monastère de Pečory dans la région de Setu, aujourd'hui scindée par la frontière russo-estonienne. Photo : 2013.

29: VAZ Lada 2109 Samara, gebaut 1984 bis 2004; hier als Polizeiauto. Foto: Zelenogradsk, 2010.
30: UAZ-452, gebaut 1965 bis heute; ein Kleintransporter mit viel Bodenfreiheit. Foto: Pečory, 2013.
31: GAZ-3307, gebaut ab 1989; ein Nachfolger läuft bereits vom Band. Foto: Pečory, 2013.

29: VAZ Lada 2109 Samara, built from 1984 to 2004; here as a police car. Photo: Zelenogradsk, 2010.
30: UAZ-452, built from 1965 until today; a transporter with a high ground clearance. Photo: Pečory, 2013.
31: GAZ-3307, built from 1989 onwards; a successor is already being manufactured. Photo: Pečory, 2013.

29 : VAZ Lada 2109 Samara, produite de 1984 à 2004 ; ici en voiture de police. Photo : Zelenogradsk, 2010.
30 : UAZ-452, produite de 1965 à aujourd'hui ; une camionnette avec une garde au sol élevée. Photo : Pečory, 2013.
31 : GAZ-3307, construit à partir de 1989 ; son successeur est déjà en production. Photo : Pečory, 2013.

29

30

31

1

UKRAINE
UKRAINE
L'UKRAINE

Die Kornkammer des Ostens
The breadbasket of the East
Le grenier de l'Est

2

3

Die Ukraine ist arm und in Vielem abhängig von Russland, aber klimatisch im Vorteil. Kolchosen und veraltete Schwerindustrie. Man erfährt hier den Übergang vom habsburgisch-katholischen Mitteleuropa zum russisch-orthodoxen Osten. Mit der völkerrechtswidrigen Abtrennung der Krim (2014) wurden die Gegensätze verstärkt. Souverän ist bestenfalls die Westhälfte des Landes. Eine Integration in die EU ist gewünscht – trotz des allgemeinen Entwicklungsrückstands. Im Alltag sind viele Fahrzeuge aus der Sowjet-Ära immer noch unentbehrlich.

Ukraine is poor and in many ways dependent on Russia but has climatic advantages. Kolkhozes and outdated heavy industry. One can experience the transition from Habsburg Roman Catholic Central Europe to the Russian Orthodox East. With Crimea being detached in breach of international law (2014), the contrasts were strengthened. At best, the Western half of the country is sovereign. An integration into the EU is desired in spite of the remaining general development gap. Many vehicles from the Soviet era still remain indispensable in everyday life.

L'Ukraine est pauvre et dépend grandement de la Russie, mais son climat est favorable. Des kolkhozes et une industrie lourde obsolète. On y constate la transition entre l'Europe centrale habsbourgeoise catholique et l'Est russe orthodoxe. La séparation illégitime de la Crimée (2014) a encore renforcé les disparités. Dans le meilleur des cas, la moitié ouest du pays est souveraine. On souhaite une intégration à l'UE, malgré le retard de développement. Au quotidien on dénombre toujours une grande quantité de véhicules de l'ère soviétique.

1: Kennzeichen: bis 2014 ausgegebene Serie. BC steht für Lviv (Lemberg).
2: Plakat in Odessa. Foto: 2012.
3: Ukrainische Geldscheine, Münzen.
4: Eisenbahnwaggon mit Aufschrift „Ukraina". Foto: Kiev, 2004.

1: Registration plate: series issued until 2014. BC stands for Lviv (Lemberg).
2: Poster in Odessa. Photo: 2012.
3: Ukrainian notes and coins.
4: Railway wagon with "Ukraina" label. Photo: Kiev, 2004.

1 : Plaque d'immatriculation : série délivrée jusqu'en 2014. BC correspond à Lviv.
2 : Affiche à Odessa. Photo : 2012.
3 : Billets et pièces de monnaie ukrainiens.
4 : Wagon de chemin de fer avec l'inscription « Ukraina ». Photo : Kiev, 2004.

4

5: Reifenpanne an einem Lada. Foto: Odessa, 2012.
6: Lada in einem Hinterhof. Das blaue Schild weist auf eine Fahrschule hin. Foto: Odessa, 2012.

5: Puncture on a Lada. Photo: Odessa, 2012.
6: Lada in a backyard. The blue sign indicates a driving school. Photo: Odessa, 2012.

5 : Crevaison sur une Lada. Photo : Odessa, 2012.
6 : Une Lada dans une arrière-cour. Le panneau bleu indique une auto-école. Photo : Odessa, 2012.

5

6

7

8

9

10

7: Plakat: „Wo Kommunisten sind, da ist der Sieg!" Foto: Odessa, 2012.
8: GAZ-21 Volga und Kastenwagen Iž-2715 auf Moskvič-Basis.
Foto: Kiev, 2004.
9: GAZ-M20 Pobeda, gebaut 1946 bis 1958; der Vorläufer des Volga.
Foto: Lviv, 2007.
10: Lada 2105, gebaut 1979 bis 2012; die letzte Überarbeitung des „Bestsellers". Foto: Odessa, 2012.

7: Poster: "Where communists are, there is victory!" Photo: Odessa 2012.
8: GAZ-21 Volga and Iž-2715 box van on Moskvič basis. Photo: Kiev 2004.
9: GAZ-M20 Pobeda, built from 1946 to 1958; the predecessor of the Volga. Photo: Lviv 2007.
10: Lada 2105, built from 1979 to 2012; the last update of the "bestseller". Photo: Odessa 2012.

7 : Affiche : « Là où sont des communistes est la victoire ! »
Photo : Odessa, 2012.
8 : GAZ-21 Volga et fourgon Iž-2715 sur base de Moskvič.
Photo : Kiev, 2004.
9 : GAZ-M20 Pobeda, construite de 1946 à 1958 ; l'ancêtre de la Volga. Photo : Lviv, 2007.
10 : Lada 2105, construite entre 1979 et 2012 ; la dernière version de ce « bestseller ». Photo : Odessa, 2012.

11: GAZ-21 Volga in Top-Zustand. Am Kühlergrill in Wagenfarbe erkennt man die überarbeitete Version (ab 1959). Die formschöne Funktionärslimousine ist heute in weiten Teilen der ehemaligen Sowjetunion ein begehrter Oldtimer. Sogar in Westeuropa kann man ab und an ein restauriertes Exemplar bestaunen. Foto: Kiev 2004.
12: Derselbe Typ GAZ-21 Volga als Anziehungspunkt eines originellen Restaurants. Foto: Kiev 2004.
13: Moskvič 2138/2140, gebaut 1975 bis 1988; eine leichte Überarbeitung des Modells 408/412. Foto: Lviv 2007.

11: GAZ-21 Volga in top condition. The radiator grill in the color of the car indicates that this is the revised version (from 1959 onwards). Today, the elegant design of the saloon for officials is a desired classic in most parts of the former Soviet Union. Even in Western Europe one can sometimes admire a restored specimen. Photo: Kiev, 2004.
12: The same GAZ-21 Volga type as an attraction of a quite different restaurant. Photo: Kiev, 2004.
13: Moskvič 2138/2140, built from 1975 to 1988; a slight revision of the 408/412 model. Photo: Lviv, 2007.

11

12

13

11 : GAZ-21 Volga en parfait état. La calandre de la couleur du véhicule indique qu'il s'agit de la version restylée (dès 1959). Aujourd'hui, cette magnifique berline de fonctionnaire est une voiture de collection prisée dans une grande partie de l'ex-Union soviétique. Il arrive même d'en voir des exemplaires restaurés en Europe de l'Ouest. Photo : Kiev, 2004.
12 : Une GAZ-21 Volga du même type comme décoration d'un restaurant original. Photo : Kiev, 2004.
13 : Moskvič 2138/2140, construite de 1975 à 1988 ; une légère évolution du modèle 408/412. Photo : Lviv, 2007.

14: Iž-21251, gebaut 1982 bis 1997; Fließheck-Version des Moskvič 412 aus Zweigwerk Iževsk. Foto: Lviv, 2007.
15, 16, 18: ZAZ-968 (Zaporožec); gebaut 1971 bis 1994; ukrainischer Nachbau des deutschen NSU Prinz . Fotos: Lviv, 2007.
17: Der Lada 2101 hieß anfangs Žiguli; gebaut 1970 bis 1988. Foto: Lviv, 2007.
19: Moskvič 408; Modellversion 1964 bis 1968. Foto: Odessa, 2012.
20: Der Straßenzustand und das Schienennetz in der Ukraine sind vielerorts sehr schlecht. Foto: Odessa, 2012.

14

15

16

17

18

14: Iž-21251, built from 1982 to 1997; a hatchback version of the Moskvič 412 from the subsidiary plant of Iževsk. Photo: Lviv, 2007.
15, 16, 18: ZAZ-968 (Zaporožec); built from 1971 to 1994; Ukrainian replica of the German NSU Prinz. Photos: Lviv, 2007.
17: The Lada 2101 was originally called Žiguli; built from 1970 to 1988. Photo: Lviv, 2007.
19: Moskvič 408; model version from 1964 to 1968. Photo: Odessa, 2012.
20: The road conditions in Ukraine are terrible in many places. Photo: Odessa, 2012.

19

14 : Iž-21251, produite de 1982 à 1997 ; la version à hayon de la Moskvič 412 issue de l'usine filiale Iževsk. Photo : Lviv, 2007.
15, 16, 18 : ZAZ-968 (Zaporožec) ; construite entre 1971 et 1994 ; copie ukrainienne de la NSU Prinz allemande. Photos : Lviv, 2007.
17 : Au début, la Lada 2101 s'appelait Žiguli ; construite de 1970 à 1988. Photo : Lviv, 2007.
19 : Moskvič 408 ; version produite entre 1964 et 1968. Photo : Odessa, 2012.
20 : L'état des routes en Ukraine est bien souvent déplorable. Photo : Odessa, 2012.

20

21

21: Der Omnibus LAZ-695N wurde 1973 bis 2008 in der Ukraine produziert und erinnert an frühe Magirus-Typen. Von den mehr als 170 000 Exemplaren sind manche noch heute im Einsatz. Foto: Lviv, 2007.
22: GAZ-24 Volga; gebaut 1967 bis 1992. Foto: Odessa, 2012.
23: Ein Spaßvogel stellte diesen ZAZ an die Straße. Foto: Odessa, 2012.
24: Straßenbasar hinter dem Bahnhof. Foto: Odessa, 2012.

22

23

24

22: GAZ-24 Volga; built from 1967 to 1992. Photo: Odessa, 2012.
23: A jokester parked this ZAZ on the road. Photo: Odessa, 2012.
24: Car boot sale behind the train station. Photo: Odessa, 2012.
21: The omnibus LAZ-695N was manufactured in Ukraine from 1973 to 2008 and reminds of early Magirus types. From over more than 170 000 units, some are still in service. Photo: Lviv, 2007.

22 : GAZ-24 Volga ; construite de 1967 à 1992. Photo : Odessa, 2012.
23 : Un plaisantin s'est amusé à mettre cette ZAZ dans la rue. Photo : Odessa, 2012.
24 : Bazar de rue derrière la gare. Photo : Odessa, 2012.
21 : L'omnibus LAZ-695N a été produit de 1973 à 2008 en Ukraine et rappelle les premiers Magirus. Parmi les plus de 170 000 exemplaires, certains sont toujours en service aujourd'hui. Photo : Lviv, 2007.

25

25: Volga und LAZ-Bus vor einem Wohnkomplex. Auffällig sind die Gastanks auf dem Busdach und die zur besseren Motorkühlung geöffneten Heckklappen. Foto: Lviv, 2007.
26: Der GAZ-M20 Pobeda war der Vorläufer des GAZ-21 Volga. Charakteristisch ist die Buckelform des Hecks. Die poppige Lackierung verändert das Erscheinungsbild stark und macht aus dem betagten Modell ein Szene-Auto. Foto: Kiev, 2004.
27, 28: Kleintransporter UAZ-452 bzw. spätere Untertypen (z.B. Kombi UAZ-3909, Minibus UAZ-2206), gebaut seit 1965 im Autowerk Uljanovsk, in unverändertem Design immer noch lieferbar. Fotos: Odessa, 2012.

26

27

28

25: Volga and LAZ-bus in front of an apartment building. Remarkable are the gas tanks on the bus roof and the opened boot lids for a better engine cooling. Photo: Lviv, in 2007.
26: The GAZ-M20 Pobeda was the predecessor of the GAZ-21 Volga. A characteristic feature is the hump-formed boot. The paintjob gives the car a funky look and changes it into a trendy car. Photo: Kiev, in 2004.
27, 28: The van UAZ-452 or later variations (for example UAZ-3909 or the minibus UAZ-2206), built since 1965 in the Car Factory Uljanovsk with the same design, is still available. Photos: Odessa, 2012.

25 : Une Volga et un bus LAZ devant un complexe résidentiel. Noter les réservoirs de gaz sur le toit du bus et les volets arrière ouverts pour un meilleur refroidissement du moteur. Photo : Lviv, 2007.
26 : La GAZ-M20 Pobeda était le prédécesseur de la GAZ-21 Volga. La forme bossue de l'arrière est caractéristique. La couleur vive transforme ce vieux modèle en une voiture unique. Photo : Kiev, 2004.
27, 28: La camionnette UAZ-452 et ses versions ultérieures (par exemple l'UAZ-3909 ou le minibus UAZ-2206), construite depuis 1965 dans l'usine automobile d'Uljanovsk dans le même design, figure toujours au catalogue. Photos : Odessa, 2012.

29

29: Schnappschuss am Passagierhafen. Foto: Odessa, 2012.
30: Typisches Gefährt im ukrainischen und russischen Stadtbild: ein Kvas-Wagen. Das leicht säuerliche Getränk aus vergorenem Brot ist im Sommer sehr beliebt. Foto: Odessa, 2012.
31: ErAZ-762, gebaut 1965 bis 1996 in Armenien. Obwohl die Baureihe in mehreren hunderttausend Exemplaren gefertigt worden war, verschwand sie nach dem Ende der Sowjetunion rasch aus dem Straßenbild. Foto: Odessa, 2012.

29: Snapshot at the ferry port. Photo: Odessa, 2012.
30: A vehicle which is quite typical in Ukrainian and Russian city life: a kvass trailer. The slightly sour drink made of fermented bread is very popular in summer. Photo: Odessa, 2012.
31: ErAZ-762, built from 1965 to 1996 in Armenia. Although several hundred thousand of this series were produced, it rapidly disappeared from the streets after the end of the Soviet Union. Photo: Odessa, in 2012.

29 : Un instantané au port passager. Photo : Odessa, 2012.
30 : Un véhicule typique des villes ukrainiennes et russes : une remorque à kvas. La boisson légèrement acidulée à base de pain fermenté est très populaire en été. Photo : Odessa, 2012.
31 : ErAZ-762, construit de 1965 à 1996 en Arménie. Bien que cette série ait été produite à plusieurs centaines de milliers d'exemplaires, elle a rapidement disparu des routes après la chute de l'Union soviétique. Photo : Odessa, 2012.

30

31

32: Obst- und Gemüsestand. Foto: Odessa, 2012.
33: Kartoffelhändler vor einem Kleinbus des lettischen Typs RAF-2203 Latvija. Foto: Odessa, 2012.
34: „Kaffee, Tee, Kakao, Butterbrote" – vor dem Bahnhof. Die Aufschriften auf dieser Seite sind russisch. Die ukrainische Sprache hat auch nach der Unabhängigkeit nicht in allen Landesteilen den Vorrang. Foto: Odessa, 2012.

32

33

34

32: Fruit and vegetable stall. Photo: Odessa, 2012.
33: Potato seller in front of a Latvian minibus, type RAF-2203 Latvija. Photo: Odessa, 2012.
34: "Coffee, tea, cocoa, sandwiches" – in front of the train station. The inscriptions on this page are in Russian. Even after the independence, the Ukrainian language is not the priority in all regions of the country. Photo: Odessa, 2012.

32 : Étal de fruits et légumes. Photo : Odessa, 2012.
33 : Marchand de pommes de terre devant une camionnette de type RAF-2203 Latvija. Photo : Odessa, 2012.
34 : « Café, thé, cacao, tartines au beurre » – devant la gare. Les inscriptions dans cette partie du pays sont en russe. Après l'indépendance, l'ukrainien ne s'est pas imposé dans toutes les régions. Photo : Odessa, 2012.

35

35: Die „Grillbar“ am Fernbushof – wenig Kundschaft! Die martialisch vergitterten Fenster und das unbeholfen gestaltete Werbeschild zeigen unverfälschtes Sowjet-Ambiente. Foto: Lviv, 2007.
36: Abverkauf landwirtschaftlicher Produkte und ein schwer beladener Lada 2103. Obwohl es vielerorts Markthallen mit festen Ständen gibt, spielt sich ein großer Teil des Naturalienhandels (Kartoffeln, Melonen u.a.) am Rande der Ausfallstraßen ab. Foto: Odessa, 2012.
37: Frühjahrsputz auf der Krim. Foto: Gurzuf, 2003.
38: Trockenfisch. Foto: Odessa, 2012.

36

37

35: The “grill bar” at the long-distance coach station – just a few customers! The martially metal-grilled windows and the awkwardly designed advertising sign show real Soviet ambiance. Photo: Lviv, 2007
36: The sale of agricultural products and a heavily loaded Lada 2013. Although market halls with fixed stalls exist nearly everywhere, a huge part of the natural product trading (potatoes, melons, etc.) takes place along the main roads. Photo: Odessa, 2012.
37: Crimean spring-cleaning. Photo: Gurzuf, 2003.
38: Dried fish. Photo: Odessa, 2012.

35 : Le bar à grillades de la gare routière – une clientèle limitée ! Les grilles martiales de la fenêtre et le panneau publicitaire improvisé confèrent une authentique ambiance soviétique. Photo : Lviv, 2007.
36 : Vente de produits agricoles et une Lada 2103 bien chargée. Bien qu'il existe des halles de marché avec des stands permanents, une grande partie des produits alimentaires (pommes de terre, melons, etc.) sont vendus aux bords des routes. Photo : Odessa, 2012.
37 : Nettoyage de printemps en Crimée. Photo : Gourzouf, 2003.
38 : Poisson séché. Photo : Odessa, 2012.

38

39

40

39: Idealisierung von Werktätigen.
Foto: Sevastopol, 2003.
40: GAZ-3307 mit zwei Kvas-Anhängern.
Foto: Kiev, 2004.
41: Werbetafel für Lastwagen des ukrainischen Herstellers KrAZ, bekannt insbesondere für schwere Baustellen-, Tank- und Militärfahrzeuge, teils auch mit Allradantrieb. Foto: Lviv, 2007.
42, 43: GAZ-53 als Tankwagen im Hafen.
Fotos: Odessa, 2012.

41

42

39: Idealization of workers.
Photo: Sevastopol, 2003.
40: GAZ-3307 with two kvass trailers.
Photo: Kiew, 2004.
41: Publicity sign for lorries from Ukrainian manufacturer KrAZ, particularly known for heavy construction, tank and military vehicles, with or without all-wheel drive.
Photo: Lviv, 2007.
42, 43: GAZ-53 tank truck at the harbour. Photos: Odessa, 2012.

39 : Idéalisation des ouvriers.
Photo : Sébastopol, 2003.
40 : GAZ-3307 avec deux remorques à kvas. Photo : Kiev, 2004.
41 : Panneau publicitaire pour les camions du constructeur ukrainien KrAZ, connu notamment pour ses véhicules lourds de chantier, à citerne ou militaires, avec ou sans transmission intégrale.
Photo : Lviv, 2007.
42, 43 : GAZ-53 en camion-citerne
Photos : Odessa, 2012.

43

44

45

46

44: Straßenszene in der Nähe des Hafens. Foto: Odessa, 2012.
45: GAZ-53 mit Werkstattaufbau. Foto: Odessa, 2012.
46: Schwerer Kranwagen auf Basis eines KrAZ-255, abgestellt im Straßenbahndepot. Foto: Odessa, 2012.

44 : Scène de rue à proximité du port. Photo : Odessa, 2012.
45 : GAZ-53 sous forme d'atelier roulant. Photo : Odessa, 2012.
46 : Grue mobile lourde sur base d'un KrAZ-255 dans le dépôt de tramway. Photo : Odessa, 2012.

44: Street life near the harbour. Photo: Odessa, 2012.
45: GAZ-53 with workshop superstructure. Photo: Odessa, 2012.
46: Heavy crane lorry originally based on a KrAZ-255, parked in the tram depot. Photo: Odessa, 2012.

47

47: Obus Škoda 14Tr, gebaut 1981 bis 1998. Man beachte die Türen, die notdürftig mit Blech statt Glas repariert wurden! Foto: Lviv, 2007.
48: Obus LAZ-52522, gebaut 1993 bis 2006. Von den nur 85 produzierten Exemplaren verblieben 48 im Obusbetrieb der Stadt Lviv, wo sich auch das Herstellerwerk befindet. Ein Großteil musste aufgrund von Mängeln schon nach wenigen Jahren ausrangiert werden. Foto: Lviv, 2007.
49, 51: LAZ-695NG, die Erdgas-Version des weit verbreiteten Busmodells, ist bis heute in der energiearmen Ukraine im Einsatz. Fotos: Odessa, 2012.
50: Obus Škoda 9Tr, gebaut 1958 bis 1981. Von weit über 7000 produzierten Exemplaren sind manche noch täglich auf Linie. Bei Krimtrolleybus haben einige eine Einsatzdauer von vierzig Jahren überschritten. Foto: Jalta, 2003.

47: Trolleybus Škoda 14Tr, built from 1981 to 1998. Noticeable are the doors which are poorly patched up with metal instead of glass! Photo: Lviv, 2007.
48: Trolleybus LAZ-52522, built from 1993 to 2006. From only 85 produced trolleybuses, 48 stayed in business for the town of Lviv where the factory is located. A majority had to be discarded after a few years due to malfunctioning. Photo: Lviv, 2007. ▶

48

49

50

51

▶
49, 51: LAZ-695NG, the natural gas-version of the widely spread bus model continues to be operated today in energy-deficient Ukraine. Photos: Odessa, 2012.
50: Obus Škoda 9Tr, built from 1958 to 1981. From over 7000 manufactured vehicles, some are still operating every day. At Krimtrolleybus, some units have exceeded a period of use of forty years. Photo: Yalta, 2003.

47 : Trolleybus Škoda 14Tr, construit de 1981 à 1998. Noter que les portes ont été réparées à la hâte avec de la tôle à la place des vitres. Photo : Lviv, 2007.
48 : Trolleybus LAZ-52522, construit de 1993 à 2006. Des seulement 85 exemplaires produits, 48 sont restés au service de la société de trolleybus de la ville de Lviv, où se trouve également l'usine du constructeur. Une grande partie a rapidement dû être mise hors service après seulement quelques années en raison de problèmes divers. Photo : Lviv, 2007.
49, 51 : LAZ-695NG, la version au gaz naturel de ce modèle de bus très répandu est toujours utilisée aujourd'hui dans une Ukraine touchée par le manque d'énergie. Photos : Odessa, 2012.
50 : Trolleybus Škoda 9Tr, construit de 1958 à 1981. Certains des plus de 7000 exemplaires produits sont toujours utilisés sur des lignes quotidiennes. Sur la ligne de trolleybus de Crimée, certains ont dépassé les quarante années de service. Photo : Yalta, 2003.

52

53

54

52, 54: Obus JuMZ-T2, gebaut 1993 bis 2008. Seine Verbreitung blieb weitgehend auf die Ukraine beschränkt. Hier im Straßenbild von Odessa fallen diese Obusse durch allerlei kräftige Einfarblackierungen auf. Fotos: 2012.
53: Minibus PAZ-32054, in dieser Version gebaut ab 2000; hier ausgerüstet mit Tanks auf dem Dach für preiswerten Gasantrieb. Foto: Lviv, 2007.

52, 54: Trolleybus JuMZ-T2, built from 1993 to 2008. The distribution remained largely limited to the Ukraine. In Odessa's street life, these trolleybuses strike the eye with all kinds of strong colour coatings. Photos: 2012.
53: Minibus PAZ-32054, this version was built since 2000; here equipped with roof tanks for low-cost gas power. Photo: Lviv, in 2007.

52, 54 : Trolleybus JuMZ-T2, construit de 1993 à 2008. Sa distribution était principalement limitée à l'Ukraine. Ici, dans les rues d'Odessa, ces trolleybus se démarquent par différentes couleurs vives uniformes. Photos : 2012.
53 : Minibus PAZ-32054, construit dès 2000 dans cette version ; équipé ici de réservoirs sur le toit pour le gaz naturel peu onéreux. Photo : Lviv, 2007.

55, 57, 58: Minibus PAZ-672, gebaut 1968 bis 1989; offenbar unverwüstlich, in den meisten Nachfolgestaaten der UdSSR nach wie vor im Einsatz. Fotos: Lviv, 2007.
56: Gelenk-Obus JuMZ-T1, gebaut 1992 bis 1998. Foto: Odessa, 2012.
59: Tatra-Straßenbahn T3 neben einem Lada-Taxi. Diese tschechischen Straßenbahnen sind heute in überwiegend schlechtem Zustand, aber wohl auf längere Sicht noch nicht wegzudenken aus dem Bild vieler ukrainischer Städte. Foto: Odessa, 2012.

55

56

57

58

59

55, 57, 58: Minibus PAZ-672, built from 1968 to 1989; apparently indestructible, still in use in most of the successor states of the Soviet Union. Photos: Lviv, 2007.
56: Articulated trolleybus JuMZ-T1, built from 1992 to 1998. Photo: Odessa, 2012.
59: A Tatra tram T3 next to a Lada taxi. Today these Czech trams generally are in a bad condition. However, they will still be used in many Ukrainian cities for a long time. Photo: Odessa, in 2012.

55, 57, 58 : Minibus PAZ-672, construit de 1968 à 1989 ; apparemment indestructible, puisqu'il est toujours utilisé dans la plupart des États successeurs de l'URSS. Photo : Lviv, 2007.
56 : Trolleybus articulé JuMZ-T1, construit de 1992 à 1998. Photo : Odessa, 2012.
59 : Tramway Tatra T3 à côté d'un taxi Lada. Ces tramways tchèques se trouvent généralement dans un piteux état aujourd'hui, mais on est encore loin de pouvoir s'en passer dans les villes ukrainiennes. Photo : Odessa, 2012.

60

60: Obusse an der Endhaltestelle: alter ZIU-9 neben modernem Trolza-5265, beide aus russischer Produktion. Neuanschaffungen in größeren Stückzahlen sind kaum finanzierbar. Foto: Odessa, 2012.
61: Der ukrainische Obus JuMZ-T2 wirkt wie eine Kopie des Škoda 14Tr, ohne dessen Zuverlässigkeit und Lebensdauer zu erreichen. Foto: Odessa, 2012.
62: Minibus PAZ-3205, gebaut 1989 bis 2006; Nachfolger des legendären PAZ-672. Foto: Odessa, 2012.

61

62

60: Trolleybuses at the terminus: an old ZIU-9 next to a modern Trolza-5265, both manufactured in Russia. New acquisitions in larger quantities are barely affordable. Photo: Odessa, 2012.
61: The Ukrainian trolleybus JuMZ-T2 seems like a copy of the Škoda 14Tr, without achieving its reliability and service life. Photo: Odessa, 2012.
62: Minibus PAZ-3205, built from 1989 to 2006; successor of the legendary PAZ-672. Photo: Odessa, 2012.

60 : Trolleybus au terminus : ancien ZIU-9 à côté d'un Trolza-5265 moderne, tous deux de fabrication russe. Difficile de financer un grand nombre de nouvelles acquisitions. Photo : Odessa, 2012.
61 : Le trolleybus ukrainien JuMZ-T2 ressemble à une copie du Škoda 14Tr, sans pour autant offrir la même fiabilité et durabilité. Photo : Odessa, 2012.
62 : Minibus PAZ-3205, construit de 1989 à 2006 ; successeur du légendaire PAZ-672. Photo : Odessa, 2012.

63

65

63, 65: Fernzüge der Ukrainischen Eisenbahn (UZ) mit typischen Lokomotiven sowjetischer Bauart. Man beachte den immer noch vorhandenen roten Stern auf der schweren Doppel-Ellok des Typs VL80S aus den 1980er Jahren.
Fotos: Odessa, 2012.
64: Warnschild: automatische Schranke. Foto: Odessa, 2012.

63, 65: Long-distance trains of the Ukrainian railroad company (UZ) with typical Soviet built locomotives. One can notice that no one has removed the red star on the heavy double electric locomotives type VL80S from the 1980s. Photos: Odessa, 2012.
64: Warning sign for an automatic barrier. Photo: Odessa, 2012.

64

63, 65 : Trains de grande ligne de la société ukrainienne des chemins de fer (UZ) avec des locomotives typiquement soviétiques. Noter l'étoile rouge toujours présente sur l'imposante double locomotive électrique de type VL80S des années 1980. Photos : Odessa, 2012.
64 : Panneau d'avertissement : barrière automatique.
Photo : Odessa, 2012.

66

67

66, 67: Tatra-Straßenbahnen des Typs T3 – seit Jahrzehnten im harten Betriebsalltag unterwegs. Hier zwei Exemplare aus den Jahren 1984/85 auf Vorortlinien. Die ursprünglich beige-rote Werkslackierung weicht zunehmend individuelleren Anstrichen. Fotos: Odessa, 2012.

66, 67: Tatra trams type T3 – since decades they are on the rails every day. Here are two specimens from 1984/85 on suburban lines. The originally beige-red spray paint gives more and more way to individual coatings. Photos: Odessa, 2012.

66, 67 : Tramways Tatra de type T3 – mis quotidiennement à rude épreuve depuis des dizaines d'années. Ici, deux exemplaires des années 1984/85 sur des lignes de banlieue. La peinture beige-rouge d'origine est de plus en plus souvent remplacée par des couleurs plus individuelles. Photos : Odessa, 2012.

1

MOLDAWIEN
MOLDOVA
LA MOLDAVIE

Ein gespaltenes Land
A divided country
Un pays divisé

2

3

Sonnenblumenfelder, Dorfbrunnen, Pferdewagen – auch sprachlich wähnt man sich zunächst in einem vergessenen Landstrich Rumäniens. Doch es gibt einen Unterschied: Die starke Präsenz des Russischen im Alltag irritiert. Die ehemalige Sowjetrepublik schlingert auf unklarem Kurs zwischen West und Ost. Ein kurioses Eigenleben von Moskaus Gnaden führt zudem der abtrünnige Landesteil „Transnistrien", ein Möchtegern-Staat mit kyrillischer Schrift, eigener Währung und eigenen Symbolen.

1: Auf den ersten Blick ein Nummernschild aus Köln! Aber K steht hier für Chişinău. Seit 2015 werden neue Kennzeichen ohne Ortsbezug ausgegeben.
2: Heldendenkmal in der Hauptstadt. Foto: Chişinău, 2014.
3: Briefkästen gibt es fast nur an Postämtern. Foto: Chişinău, 2014.
4: ZIL-130, gebaut 1962 bis 1994. Der Lkw steht auf dem Territorium der international nicht anerkannten „Republik Transnistrien". Foto: Bender, 2014.

Sunflower fields, village fountains, horse carriages – even linguistically, one might imagine himself being in a forgotten region of Romania. But there is a difference: The strong presence of the Russian language in daily life is irritating. The former Soviet Republic seems to vaguely slide between West and East life. Transnistria, a renegade region by the grace of Moscow, lives the life of a wannabe state with Cyrillic script, its own currency and own symbols.

1: At first sight a German number plate from Cologne! But the K here represents Chişinău. Since 2015, number plates are distributed without a geographical reference.
2: A monument for heroes in the capital city. Photo: Chişinău, 2014
3: Almost all letterboxes are situated at the post offices.
Photo: Chişinău 2014.
4: ZIL-130, built from 1962 to 1994. The truck is parked on the territory of the not officially recognized "Republic of Transnistria". Photo: Bender, 2014.

Des champs de tournesol, des puits de village, des charrettes – même la langue nous fait croire que l'on se trouve dans une région oubliée de Roumanie. Mais il existe une différence : la présence marquée du russe au quotidien est perturbante. L'ancienne république soviétique navigue à l'aveugle entre l'Ouest et l'Est. En outre, la région rebelle de Transnistrie mène une existence indépendante en profitant de la clémence de Moscou, et se prétend être un État à part entière en utilisant l'écriture cyrillique, sa propre devise et ses propres symboles.

1 : À première vue, on dirait une plaque allemande provenant de Cologne ! Mais ici, le K désigne Chişinău. Depuis 2015, les nouvelles plaques d'immatriculation ne comportent plus d'indication géographique.
2 : Monument aux héros dans la capitale. Photo : Chişinău, 2014.
3 : Les boîtes aux lettres se trouvent presque exclusivement dans les bureaux de poste. Chişinău, 2014.
4 : ZIL-130, produit de 1962 à 1994. Le camion se trouve sur le territoire de la « République de Transnistrie », qui n'est pas reconnue par la communauté internationale. Photo : Bender, 2014.

4

5: Legendärer Klassiker sowjetischer Pkw-Produktion: VAZ Lada 2103, gebaut 1973 bis 1984. Foto: Chişinău, 2014.

Weitere Klassiker sowjetischer Pkw-Produktion:
6: Iž-408/412 in der 1982 bis 1997 ausgelieferten Version; identisch mit Moskvič 408/412.
7: ZAZ-968M Zaporožec, letzte Baureihe 1979 bis 1994.
8: GAZ-24 Volga, gebaut 1967 bis 1992; hatte als Taxi und Behördenfahrzeug lange Zeit eine große Bedeutung. Fotos: Chişinău, 2014.

5

6

7

8

5: A Soviet-made icon: VAZ Lada 2103, built from 1973 to 1984. Photo: Chişinău, 2014.

Other iconic cars from Soviet constructors:
6: Iž-408/412 in the version distributed from 1982 to 1997; a version identical with the Moskvič 408/412.
7: ZAZ-968M Zaporožec, last manufactured from 1979 to 1994.
8: GAZ-24 Volga, built from 1967 to 1992; for quite some time, it played an important role as a taxi and an official vehicle. Photos: Chişinău, 2014.

5 : Une automobile classique de production soviétique : la VAZ Lada 2103, produite de 1973 à 1984. Photo : Chişinău, 2014.

D'autres classiques issus de la production automobile soviétique :
6 : Iž-408/412 dans sa version produite entre 1982 et 1997 ; identique à la Moskvič 408/412.
7 : ZAZ-968M Zaporožec, dernière série de 1979 à 1994.
8 : GAZ-24 Volga, produit de 1967 à 1992 ; a longtemps joué un rôle important en tant que taxi et véhicule officiel.
Photos : Chişinău, 2014.

10

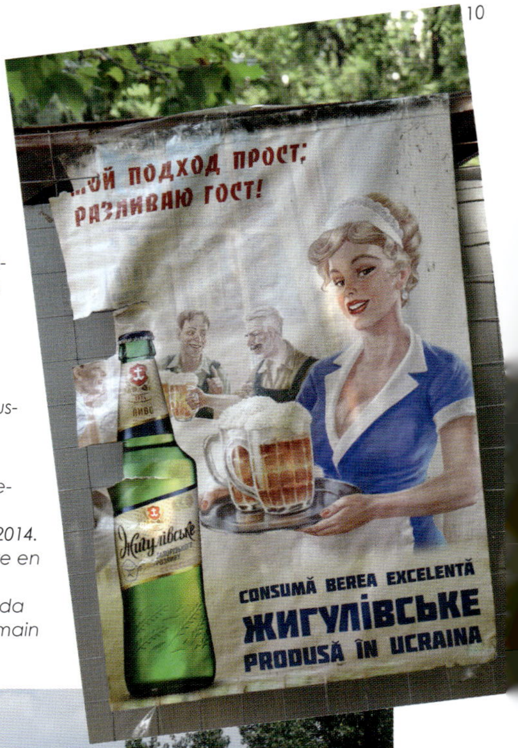

9: In den 1980er Jahren wurde der Moskvič 2140 auch unter dem Namen des Autokombinats als AZLK-2140 ausgeliefert. Foto: Bender, 2014.
10: Typisch Moldawien: zweisprachiges Werbeplakat. Foto: 2014.
11: Auch der Bahnhof von Bender mit dem malerisch verrosteten Lada ist rumänisch/russisch beschriftet. Foto: 2014.

9: In the 1980s, the Moskvič 2140 was also distributed under the name of the automobile combine as the AZLK-2140. Photo: Bender, 2014.
10: Typical in Moldavia: a bilingual publicity. Photo: 2014.
11: Even the Bender train station with the picturesque corroded Lada is marked in Rumanian/Russian language. Photo: 2014.

9 : Dans les années 1980, la Moskvič 2140 a également été livrée sous le nom du combinat automobile en tant que AZLK-2140. Photo : Bender, 2014.
10 : Typique en Moldavie : une affiche publicitaire en deux langues. Photo : 2014.
11 : La gare de Bender, avec une pittoresque Lada rouillée, porte également des inscriptions en roumain et en russe. Photo : 2014.

9

11

12

13

14

12: Bunte GAZ-Parade auf dem Betriebshof. Foto: Chişinău, 2014.
13: Lada 2101 mit temporärem Kennzeichen. Foto: Chişinău, 2014.
14: Lada 2105 mit Kennzeichen aus Transnistrien. Foto: Bender 2014.

12: Colourful gathering of GAZ trucks on the work yard. Photo: Chişinău, 2014.
13: Lada 2101 with a temporary number plate. Photo: Chişinău, 2014.
14: Lada 2105 with a Transnistrian number plate. Photo: Bender, 2014.

12 : Une parade colorée de GAZ dans le dépôt. Photo : Chişinău, 2014.
13 : Lada 2101 avec une plaque temporaire. Photo : Chişinău, 2014.
14 : Une Lada 2105 avec une plaque de Transnistrie. Photo : Bender, 2014.

15

15: ZIL-130 in der üblichen blau-weißen Lackierung. Der Kastenaufbau ist schlecht proportioniert und macht den Wagen kopflastig.
Foto: Chişinău, 2014.
16: ZIL-130 in charakteristischem Militärgrün. Foto: bei Anenii Noi, 2014.

15: A ZIL-130 in the usual blue-white colouring. The superstructure is badly proportioned and makes the truck top-heavy. Photo: Chişinău, 2014.
16: ZIL-130 in typical military-green. Photo: near Anenii Noi, 2014.

15 : ZIL-130 dans sa couleur bleue et blanche habituelle. Le coffre de benne est mal proportionné ce qui déplace le centre de gravité du véhicule vers le haut.
Photo : Chişinău, 2014.
16 : ZIL-130 d'un vert militaire caractéristique. Photo : près d'Anenii Noi, 2014.

16

17

18

17, 18: In ländlichen Regionen rosten zahlreiche alte Sowjetmodelle vor sich hin, manche dienen als Gartenlaube o. Ä. Foto: Bahnstrecke Chişinău-Bender, 2014.

17, 18: On the countryside, numerous Soviet models are slowly corroding away, some of them are used as garden arbours or something similar. Photo: railroad Chişinău-Bender 2014.

17, 18 : Dans les régions rurales, de nombreux vieux modèles soviétiques sont abandonnés à la rouille, certains servent d'abri de jardin. Photo : voie ferrée Chişinău-Bender, 2014.

19

20

19: GAZ-52-Lkw gab es mit vielerlei Aufbauten; hier handelt es sich vermutlich um einen Bauwagen mit Ofenrohr hinten rechts, der Arbeiter transportiert. Foto: Chişinău, 2014.
20: Die Hauptpost in Chişinău. Foto: 2014.
21: ZIL-130 mit aufgesperrter Motorhaube, am Stadtpark. Foto: Bender, 2014.

19: The GAZ-52 were equipped with all kinds of superstructures: This is probably a construction truck with a stove pipe at the right rear end, used to transport workers. Photo: Chişinău, 2014.
20: The main post office in Chişinău. Photo: 2014.
21: ZIL-130 with an open bonnet at the city park. Photo: Bender, 2014.

19 : Le camion GAZ-52 était souvent équipé de superstructures diverses : ici il s'agit probablement d'un véhicule de chantier transportant des ouvriers doté d'une cheminée à l'arrière droite. Photo : Chişinău, 2014.
20 : Le bureau de poste principal de Chişinău. Photo : 2014.
21 : ZIL-130 avec son capot ouvert, aux abords du parc de la ville. Photo : Bender, 2014.

21

Obusse in Chişinău. 22: JuMZ-T1 des Baujahres 1996; ein ukrainisches Modell.
23: Škoda 14TrM des Baujahres 2001. Die Baureihe wurde bereits 1981 in der Tschechoslowakei konstruiert und war sehr erfolgreich. In der UdSSR waren diese Fahrzeuge nur in den westlichen Unionsrepubliken anzutreffen. Fotos: 2014.
24: Weiterer Obus in Chişinău; ZIU-9 des Baujahres 1995; der russische Standard-Obus – seit Jahrzehnten fast unverändert produziert und dementsprechend weit verbreitet. Auch heute noch sind Tausende davon im täglichen Einsatz. Foto: 2014.

24

22

Trolleybuses in Chişinău.
22: A JuMZ-T1 built in 1996; a Ukrainian model.
23: Škoda 14TrM built in 2001. This very successful series was already manufactured in 1981 in Czechoslovakia. In the USSR, these vehicles were only seen in the western republics of the union. Photos: 2014.
24: Another trolleybus in Chişinău: a ZIU-9 built in 1995; since decades, the Russian standard trolleybus has not changed and is produced with only slight modifications. Therefore thousands of it are still seen everywhere today. Photo: 2014.

Des trolleybus à Chişinău. 22 : JuMZ-T1 produit en 1996 ; un modèle ukrainien.
23 : Škoda 14TrM année modèle 2001. La production de la série a commencé en 1981 en Tchécoslovaquie et elle a connu un franc succès. En URSS, ces véhicules n'étaient visibles que dans les républiques soviétiques de l'Ouest. Photos : 2014.
24 : Un autre trolleybus à Chişinău : ZIU-9 année modèle 1995 ; le trolleybus russe standard – produit presque à l'identique depuis des dizaines d'années, et répandu en conséquence. Encore aujourd'hui, des milliers d'exemplaires sont tous les jours en service. Photo : 2014.

23

25

26

27

25: Ikarus 260, gebaut 1971 bis 2002 in Ungarn. Dieses Modell avancierte zum Standardbus der meisten Ostblockstaaten; heute nur noch vereinzelt im Linienverkehr zu beobachten. Foto: Chişinău, 2014.
26: Gegensätze auf dem Boulevard. Foto: Chişinău, 2014.
27: Warten auf den Regionalbus. Foto: Chişinău, 2014.

25: Ikarus 260, built from 1971 to 2002 in Hungary. This model rose to become the most used bus of the Eastern Bloc states. Today, it is barely seen in regular service. Photo: Chişinău, 2014.
26: Contrasts on the boulevard. Photo: Chişinău, 2014.
27: Waiting for the regional bus. Photo: Chişinău, 2014.

25 : Ikarus 260, produit entre 1971 et 2002 en Hongrie. Ce modèle est devenu le bus standard de la plupart des États du bloc de l'Est ; aujourd'hui il n'en reste plus que quelques-uns en service. Photo : Chişinău, 2014.
26 : Contrastes sur le boulevard. Photo : Chişinău, 2014.
27 : En attente du bus régional. Photo : Chişinău, 2014.

29

28

28: ZIU-9, gebaut 1970 bis 2013. Der meistgebaute Obus der Welt – über 42 000 Exemplare. In sämtlichen Obusbetrieben Russlands sowie den meisten (ehemaligen) Sowjetrepubliken war bzw. ist er im Einsatz. Nur im Baltikum konnte er sich nicht gegen die Škoda-Konkurrenz durchsetzen. Immerhin gelang der Export beachtlicher Stückzahlen nach Budapest, Belgrad, Athen und Bogotá. Foto: Chişinău, 2014.
29: Vor dem Parlamentsgebäude. Foto: Chişinău, 2014.
30: KaVZ-3270, gebaut 1971 bis 1993 auf Basis des Lastwagens GAZ-53. Foto: Tiraspol, 2014.
31, 32: PAZ-672 mit Gastanks auf dem Dach. Foto: Bender, 2014.

28: ZIU-9, built from 1970 to 2013. The world's most manufactured trolleybus; over 42 000 were produced. It was used – and is still in use – in all Russian trolleybus companies as well as in most Soviet Republics. But this model could not compete against Škoda in the Baltic region. Nevertheless, the export sales to Budapest, Belgrade, Athens and Bogotá were remarkable. Photo: Chişinău, 2014.
29: In front of the parliament building. Photo: Chişinău, 2014.
30: KaVZ-3270, built from 1971 to 1993 on the basis of the GAZ-53 truck. Photo: Tiraspol, 2014.
31, 32: A PAZ-672 with gas bottles on the roof. Photo: Bender, 2014.

30

31

28 : ZIU-9, produit de 1970 à 2013. Le trolleybus le plus produit au monde, avec plus de 42 000 exemplaires. Il était, ou est toujours, utilisé par un grand nombre de sociétés de trolleybus en Russie et dans la plupart des (anciennes) républiques soviétiques. Ce n'est que dans la région baltique qu'il n'a pas réussi à s'imposer face à la concurrence de Škoda. Néanmoins, un grand nombre d'exemplaires ont été exportés jusqu'à Budapest, Belgrade, Athènes ou Bogotá. Photo : Chişinău, 2014.
29 : Devant le Parlement. Photo : Chişinău, 2014.
30 : KaVZ-3270, produit de 1971 à 1993 sur la base du camion GAZ-53. Photo : Tiraspol, 2014.
31, 32 : PAZ-672 avec des réservoirs de gaz sur le toit. Photo : Bender, 2014.

32

33

33: Straßenszene in Tiraspol. Foto: 2014.
34: Eine Kopie der Kapitolinischen Wölfin steht in vielen Städten des rumänischen Sprachraumes. Foto: Chişinău, 2014.
35: Bahnhof Chişinău: Der über dreißig Jahre alte ungarische Dieselzug D1 bedient die Strecke nach Bender. Foto: 2014.
36: Unterwegs nach Bender: Zughalt an der Station Socoleni, 2014.

33: Street life in Tiraspol. Photo: 2014.
34: A copy of the Capitoline wolf is seen in many Rumanian speaking cities. Photo: Chişinău, 2014.
35: Chişinău train station: The over 30-year old Hungarian D1 diesel train is operating to Bender. Photo: 2014.
36: On the way to Bender: a stop at the Socoleni station. Photo: 2014.

35

34

33 : Scène de rue à Tiraspol. Photo : 2014.
34 : On retrouve des copies de la louve du Capitole dans de nombreuses villes de la région linguistique roumaine. Photo : Chişinău, 2014.
35 : Gare de Chişinău : ce train diesel hongrois de type D1 âgé de plus de trente ans dessert la ligne vers Bender. Photo : 2014.
36 : En route vers Bender : arrêt à la gare de Socoleni. Photo : 2014.

36

1

GEORGIEN
GEORGIA
LA GÉORGIE

Abstecher in den Kaukasus
Detour to the Caucasus
Un détour par le Caucase

2

3

Schon früh gehörte der Kaukasus zum Einflussbereich Russlands. Wegen des angenehmen Klimas und der ausgezeichneten Küche war insbesondere Georgien mit seiner Schwarzmeerküste ein beliebtes Urlaubsziel der Sowjetbürger. Seit 2008 hält Russland die beiden Landesteile Abchasien und Südossetien militärisch besetzt, der größere Teil Georgiens ist jedoch problemlos zu bereisen. Bei der Infrastruktur muss man freilich Kompromisse machen. Sowjetische Fahrzeuge gehören immer noch zum Alltag des wirtschaftlich rückständigen Landes, wenngleich betagte West-Modelle klar bevorzugt werden.

1: Georgisches Nummernschild. Seit 2010 ist der Ländercode GE (statt GEO). 2014 wurde eine siebenstellige Zeichenfolge eingeführt.
2, 3: Symbolik in der Hauptstadt Tbilisi (Tiflis).
4: Berittene Polizei in der Altstadt. Foto: Tbilisi, 2014.

Early on, the Caucasus was part of Russia's sphere of influence. Because of the pleasant climate and the excellent cuisine, Georgia, with its coast on the Black Sea , was a popular holiday destination for Soviet citizens. Since 2008, Russia maintains both Abkhazia and South Ossetia under military occupation, but the bigger part of Georgia can be freely travelled. Regarding the infrastructure, however, one must be ready to make compromises. Soviet vehicles are still part of everyday life in this economically underdeveloped country, although old Western models are clearly preferred.

1: A Georgian number plate. Since 2010, the country code is GE (instead of GEO). In 2014, a seven-digit code was implemented.
2, 3: Symbolism in the capital of Tbilisi (Tiflis).
4: Mounted police in the historic city centre. Photo: Tbilisi, 2014.

Le Caucase s'est très tôt retrouvé dans la sphère d'influence russe. En raison du climat agréable et de l'excellente cuisine, la Géorgie et sa côte de la mer Noire étaient une destination de vacances prisée par les citoyens soviétiques. Depuis 2008, l'armée russe occupe les deux régions d'Abkhazie et d'Ossétie-du-Sud, mais le reste de la Géorgie peut parfaitement être visité. Mais en ce qui concerne l'infrastructure, il faut naturellement être prêt à faire des compromis. Les véhicules soviétiques font toujours partie du quotidien de ce pays en retard de développement économique, mais les vieux modèles de l'Ouest sont clairement favorisés.

1 : Plaque d'immatriculation géorgienne. Depuis 2010, le code du pays est GE (et non plus GEO). Une série de sept caractères a été introduite en 2014.
2, 3 : Symbolisme dans la capitale Tbilisi.
4 : Police montée dans le centre historique. Photo : Tbilisi, 2014.

4

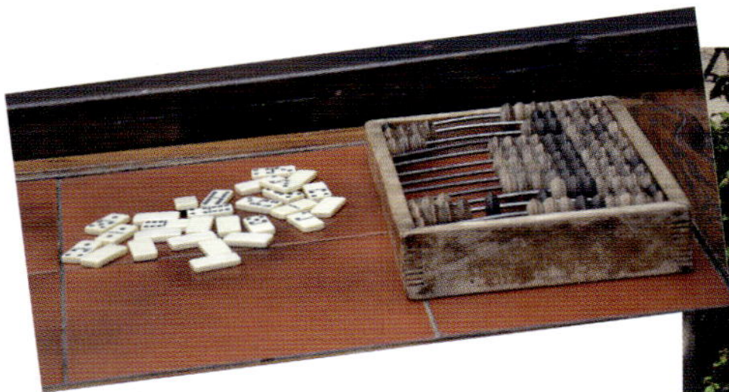

5

6

5: Dominosteine und Abakus.
Foto: Tbilisi, 2014.
6: GAZ-21 Volga, gebaut 1956 bis 1968; der verchromte Kühlergrill ist typisch für die ersten Baujahre.
Foto: Tbilisi, 2014.
7, 8, 9: GAZ-24 Volga, gebaut 1967 bis 1992; im Kaukasus und Zentralasien immer noch als Taxi anzutreffen. Seltsame Dachladungen gehören dabei zum Alltag. Fotos: Tbilisi, 2014.

7

8

9

5: Dominos and Abacus.
Photo: Tbilisi, 2014.
6: GAZ-21 Volga, built from 1956 to 1968; the chromed radiator frame is typical for the first built series.
Photo: Tbilisi, 2014.
7, 8, 9: GAZ-24 Volga, built from 1967 to 1992; still operating as a taxi in the Caucasus and in Central Asia. Strange rooftop loading is part of everyday life. Photos: Tbilisi, 20'4.

5 : Des dominos et un abaque.
Photo : Tbilisi, 2014.
6 : GAZ-21 Volga, produite de 1956 à 1968 ; la calandre chromée est typique des premiers modèles.
Photo : Tbilisi, 2014.
7, 8, 9 : GAZ-24 Volga, produite de 1967 à 1992 ; toujours utilisée comme taxi dans le Caucase et en Asie centrale. D'étranges chargements de toit font partie du quotidien.
Photos : Tbilisi, 2014.

10

10: Die georgische Sprache besitzt eine ganz eigene Schrift. Hier ein Restaurantschild. Foto: Tbilisi, 2014.
11, 12: Noch einmal GAZ-21 Volga. Der Zustand mancher Autos ist wirklich haarsträubend. Fotos: Tbilisi, 2014.
13, 14: Das Nachfolgemodell GAZ-24 Volga mit neuerer und älterer (chromverzierter) Frontgestaltung. Fotos: Tbilisi, 2014.

11

12

13

10: The Georgian language has its own writing. Here a restaurant sign. Photo: Tbilisi, 2014.
11, 12: Again two GAZ-21 Volgas. The condition of some cars is rather dreadful. Photos: Tbilisi, 2014.
13, 14: The successor of the GAZ-24 Volga, here shown with the more recent and the old (chromed) front design. Photo: Tbilisi, 2014.

10 : La langue géorgienne a sa propre écriture. Ici, le panneau d'un restaurant. Photo : Tbilisi, 2014.
11, 12 : Une autre GAZ-21 Volga. L'état de certaines voitures est vraiment scandaleux. Photos : Tbilisi, 2014.
13, 14 : Son successeur, la GAZ-24 Volga, avec la face avant plus moderne et plus ancienne (chromée). Photo : Tbilisi, 2014.

14

15

18

16

19

17

15, 16: ZAZ-968M in der 1979 bis 1994 gebauten Version. Diese Kleinwagen liefen im ukrainischen Zaporižžja vom Band und trugen deshalb den Spitznamen Zapo. Es handelt sich um einen Nachbau des deutschen NSU Prinz. Fotos: Tbilisi, 2014.
17: Heckansicht eines Moskvič bzw. AZLK-2138, gebaut 1975 bis 1988. Foto: Tbilisi, 2014.
18: Popcorn-Verkäuferin im Mtatsminda-Park, einem beliebten Ausflugsziel hoch über der Stadt. Foto: Tbilisi, 2014.
19: Bäckerei-Imbiss in der Vorstadt. Foto: Tbilisi, 2014.

15, 16: ZAZ-968M shown in the version built from 1979 to 1994. This small car was chain-produced in the Ukrainian Zaporižžja and therefore is nicknamed Zapo. It is a reproduction of the German NSU Prinz. Photos: Tbilisi, 2014.
17: Rear view of a Moskvič respectively an AZLK-2138, built from 1975 to 1988. Photo: Tbilisi, 2014.
18: A popcorn seller in the Mtatsminda park, a popular destination high above the city. Photo: Tbilisi, 2014.
19: Bakery/snack shop in the suburbs. Photo: Tbilisi, 2014.

15, 16 : ZAZ-968M dans sa version construite de 1979 à 1994. Ces petites voitures étaient produites dans la ville ukrainienne de Zaporižžja, et étaient donc surnommées Zapo. Il s'agit d'une copie de la NSU Prinz allemande. Photos : Tbilisi, 2014.
17 : Vue arrière d'une Moskvič, ou AZLK-2138, produite entre 1975 et 1988. Photo : Tbilisi, 2014.
18 : Vendeuse de popcorn dans le parc de Mtatsminda, une destination populaire surplombant la ville. Photo : Tbilisi, 2014.
19 : Une boulangerie en banlieue. Photo : Tbilisi, 2014.

20

22

21

20, 21: GAZ-24 Volga; im oberen Bild sind die Blattfedern an der Hinterachse gut erkennbar.
Fotos: Tbilisi, 2014.
22: Typische Straßenszene im Osten der City. Foto: Tbilisi, 2014.

20, 21: A GAZ-24 Volga; in the top image, the leaf springs are clearly visible on the rear axle.
Photos: Tbilisi, 2014.
22: Typical street life in the East of the city. Photo: Tbilisi, 2014.

20, 21 : GAZ-24 Volga ; on reconnaît bien les ressorts à lames de l'essieu arrière sur la photo en haut.
Photos : Tbilisi, 2014.
22 : Scène de rue typique dans l'est de la ville. Photo : Tbilisi, 2014.

23

23: GAZ-3110 Volga mit gefährlicher Dachladung; das leicht modernisierte Modell kam 1997 auf den Markt. Foto: Tbilisi, 2014.
24, 25: UAZ-452, gebaut 1965 bis heute im russischen Automobilwerk Uljanovsk. Der hochbeinige Transporter hatte in der Regel eine dunkelgrüne oder graue Lackierung, denn er war bei Armee und Miliz sehr verbreitet. Fotos: Tbilisi, 2014.
26: Imbissreklame neben dem Bahnhof – Cola und Fast Food. Foto: Tbilisi, 2014.

24

25

26

23: A GAZ-3110 Volga with dangerous rooftop loading; the slightly modernized model was introduced to the market in 1997. Photo: Tbilisi, 2014.
24, 25: UAZ-452, built from 1965 until today in the Russian car factory of Uljanovsk. The transporter, high on its wheels, generally had a dark green or grey coating because it was used as a transporter for the armed forces and the militias. Photos: Tbilisi, 2014.
26: Snack and refreshment publicity signs next to the train station – Coke and fast food. Photo: Tbilisi, 2014.

23 : GAZ-3110 Volga avec un chargement de toit périlleux ; le modèle légèrement modernisé est sorti en 1997. Photo : Tbilisi, 2014.
24, 25 : UAZ-452, construite de 1965 jusqu'à aujourd'hui dans les usines automobiles russes d'Oulianovsk. Cette camionnette haute sur pattes était généralement de couleur vert foncé ou grise, car elle était très répandue dans l'armée et la milice. Photos : Tbilisi, 2014.
26 : Publicité sur un kiosk à proximité de la gare – Coca-Cola et fast-food. Photo : Tbilisi, 2014.

27: A beauty parlour and a tailor shop in the historical centre. Photo: Tbilisi, 2014.
28: View of the Azerbaijani mosque in the historical centre. Photo: Tbilisi, 2014.
29: A GAZ-52 in military green colour with a tank. Photo: Tbilisi, 2014.
30: ...and his stronger brother, the ZIL-130, as construction vehicle with a dumper. Photo: Tbilisi, 2014.

27 : Salon de beauté et atelier de tailleur dans le centre historique. Photo : Tbilisi, 2014.
28 : Vue de la mosquée azérie dans le centre historique. Photo : Tbilisi, 2014.
29 : GAZ-52 à citerne en vert militaire. Photo : Tbilisi, 2014.
30 : ...et son frère plus costaud, le ZIL-130 en camion de chantier à benne basculante. Photo : Tbilisi, 2014.

27

27: Schönheitssalon und Schneideratelier in der Altstadt. Foto: Tbilisi, 2014.
28: Blick auf die aserbaidschanische Moschee in der Altstadt. Foto: Tbilisi, 2014.
29: Militärgrüner GAZ-52 mit Kesselaufbau. Foto: Tbilisi, 2014.
30: ...und sein kräftigerer Bruder, der ZIL-130, als Baustellenfahrzeug mit Kipper. Foto: Tbilisi, 2014.

28

29

30

1

ESTLAND
ESTONIA
L'ESTONIE

Skandinavisches Flair im Baltikum
Little Scandinavia in the Baltic countries
Ambiance scandinave dans les pays Baltes

2

3

Ein stilles, friedliches, gut organisiertes Land. Wälder, Seen, Holzhäuser – unspektakulär und zugleich malerisch. Außerhalb der charmanten und fortschrittlichen Hauptstadt Tallinn ist es sehr einsam. Naturverbundenheit schließt Perfektionismus nicht aus. Im Alltag erledigt man Vieles digital. Sowjetische Fahrzeuge sind heute längst verschwunden, hässliche Zweckbauten leider noch nicht. Insgesamt eher Skandinavien als Osteuropa – nicht nur im Selbstverständnis der Esten.

A quiet, peaceful and well-organized country. Forests, lakes, wooden cottages – unspectacular and at the same time picturesque. Beyond the charming and progressive capital of Tallinn, it is quite isolated. A close relationship to nature does not exclude perfectionism. In everyday life, quite a lot is processed digitally. Soviet vehicles have since long disappeared, but unfortunately not yet the ugly functional buildings. All in all, it is more Scandinavian than Eastern European – not only in the selfportrayal of the Estonians.

Un pays calme, paisible et bien organisé. Des forêts, des lacs et des maisons en bois – peu spectaculaire mais pittoresque. En dehors de la capitale Tallinn, charmante et bien développée, la vie est plutôt solitaire. L'affinité avec la nature n'exclue pas le perfectionnisme. Le numérique est très présent au quotidien. Les véhicules soviétiques ont depuis longtemps disparus, ce qui n'est malheureusement pas le cas des hideux bâtiments fonctionnels. Plus semblable à la Scandinavie qu'à l'Europe de l'Est – et pas uniquement dans l'esprit des Estoniens.

1: Estnisches Nummernschild: Der Anfangsbuchstabe T steht für Tartu; allerdings hat die regionale Zuordnung in Estland wenig Bedeutung.
2: Typische Souvenirs mit regionalen Trachten.
3: Nummernschild aus der Estnischen Sowjetrepublik. EA war die Abkürzung für Estland; schwarze Schilder wurden bis 1982 ausgegeben.
4: Ein PAZ-672 parkt vor der Kirche von Kanepi im Südosten Estlands. Kolchosenbusse dieser Art waren oft in seltsamen Farbkombinationen anzutreffen. Foto: 2003.

1: Estonian registration plate: The first letter T stands for Tartu; however, the regional code in Estonia has little significance.
2: Typical souvenirs with regional folk costumes.
3: Registration plate from the Estonian Soviet Republic. EA was the abbreviation for Estonia; black plates were distributed until 1982.
4: A PAZ-672 is parked in front of the church in Kanepi in the Southeast of Estonia. This type of Kolkhozian busses often had strange colour combinations. Photo: 2003.

1 : Plaque d'immatriculation estonienne. La première lettre T désigne Tartu ; mais le code régional n'a que peu d'intérêt en Estonie.
2 : Souvenir typique avec des costumes traditionnels.
3 : Plaque d'immatriculation de la république soviétique estonienne. EA était l'abréviation d'Estonie ; les plaques noires étaient délivrées jusqu'en 1982.
4 : Un PAZ-672 garé devant l'église de Kanepi dans le sud-est de l'Estonie. Les bus des kolkhozes de ce type avaient souvent des combinaisons de couleurs étranges. Photo : 2003.

OTEPÄÄ 20
PÕLVA 23
ANTSLA 28

5

5: Die baltischen Staaten sind heute unabhängig. Foto: Tallinn, 1995.
6: Groß und Klein: GAZ-21 Volga und ZAZ-968A. Foto: Kuressaare, 1998.
7: ZAZ-968A (Zaporožec), gebaut 1973 bis 1979; Kleinwagen mit Heckmotor. Foto: Ort unbekannt, 1998.
8: ZAZ-968M, gebaut 1979 bis 1994; Baujahre unterscheidbar an der Frontspange und den weniger auffälligen seitlichen Lufteinlässen. Foto: Tallinn, 1997.
9: GAZ-21 Volga neben einem sowjetischen Motorrad-Gespann. Foto: Põlva, 1998.

6

7

8

9

5: Today, the Baltic states are independent. Photo: Tallinn, 1995.
6: Big and small: GAZ-21 Volga and ZAZ-968A. Photo: Kuressaare, 1998.
7: ZAZ-968A (Zaporožec), built from 1973 to 1979: a small car with the engine in the back. Photo: unknown location, 1998.
8: ZAZ-968M, built from 1979 to 1994; construction dates are distinguished by the front trim strip and by the less noticeable lateral air intakes. Photo: Tallinn, 1997.
9: GAZ-21 Volga next to a Soviet motorcycle with sidecar. Photo: Põlva, 1998.

5 : Les États baltes sont indépendants aujourd'hui. Photo : Tallinn, 1995.
6 : Grand et petit : GAZ-21 Volga et ZAZ-968A. Photo : Kuressaare, 1998.
7 : ZAZ-968A (Zaporožec), produite de 1973 à 1979 ; petite voiture à moteur arrière. Photo : lieu inconnu, 1998.
8 : ZAZ-968M, produit de 1979 à 1994 ; les différentes années de production se distinguent par la baguette à l'avant et les entrées d'air moins imposantes. Photo : Tallinn, 1997.
9 : GAZ-21 Volga à côté d'un side-car soviétique. Photo : Põlva, 1998.

10

11

12

10: Einige Moskvič-Modelle wurden auch unter den Namen der Produktionsstätten in Umlauf gebracht: vorn als Limousine mit dem Schriftzug AZLK (Stammwerk), hinten als Fließheckversion namens Iž (Zweigwerk Iževsk). Foto: Pärnu, 1998.
11: GAZ-21 Volga; noch mit schwarzem Nummernschild aus der Sowjet-Ära. Gut zu erkennen ist die Kühlerfigur. Foto: Kuressaare, 1998.
12: Moskvič 408 in der 1964 bis 1968 gelieferten Version. Diese erste Serie besaß vorne noch Rundscheinwerfer. Das Surfbrett auf dem Dach gibt der recht biederen Limousine etwas Pepp! Foto: Otepää, 1998.

10: Some Moskvič models were also put into circulation with the name of the production factory: in front as a saloon with the logo AZLK (main factory), behind as a hatchback called Iž (secondary factory Iževsk). Photo: Pärnu, 1998.
11: GAZ-21 Volga; still equipped with the black number plate of the Soviet era. Here clearly recognizable: the radiator mascot. Photo: Kuressaare, 1998.
12: Moskvič 408, here the version built from 1964 to 1968. This version was equipped with round headlights. The surfboard on the roof gives a dynamic image to the rather simple saloon! Photo: Otepää, 1998.

10 : Certains modèles Moskvič étaient aussi distribués sous le nom de leur usine de production : devant une berline avec l'inscription AZLK (usine principale), derrière une version à hayon nommée Iž (usine filiale d'Iževsk). Photo : Pärnu, 1998.
11 : GAZ-21 Volga portant toujours les plaques noires de l'ère soviétique. On reconnaît bien la mascotte de radiateur. Photo : Kuressaare, 1998.
12 : Moskvič 408 dans sa version produite de 1964 à 1968. La première série était encore équipée de phares ronds à l'avant. La planche de surf sur le toit donne un peu de peps à cette limousine plutôt ordinaire ! Photo : Otepää, 1998.

13: Moskvič 408 in der Bauform von 1969 bis 1975. Außer den Frontscheinwerfern wurden auch die Heckleuchten geändert, nunmehr in horizontaler statt vertikaler Anordnung. Foto: Otepää, 1999.
14: Ungewöhnlich farbenfroh präsentieren sich hier zwei gut erhaltene Sowjet-Pkw: links ein Moskvič 2137 (Kombi), gebaut 1976 bis 1985; rechts ein deutlich größerer GAZ-21 Volga mit viel Chrom. Foto: Narva, 1999.
15, 16: Kein Schreibfehler: In Estland schreibt man tatsächlich „Politsei", und das Design orientiert sich auch am deutschen Pendant. Zwei Einsatzwagen des Typs Lada 2105. Fotos: Kuressaare, 1998; Haapsalu, 1999.

13: Moskvič 408; type built from 1969 to 1975. Besides the headlights, the rear lights were also changed, now a horizontal instead of a vertical layout. Photo: Otepää, 1999.
14: Two Soviet cars in good condition are here presented with unusual colours: on the left a Moskvič 2137 (estate), built from 1976 to 1985 and on the right a much larger GAZ-21 Volga with a lot of chrome.
Photo: Narva, 1999.
15, 16: While "Politsei" has a different spelling in Germany, the livery strongly resembles the cars of the "Polizei"... Two police cars type Lada 2015.
Photos: Kuressaare, 1998; Haapsalu, 1999.

13 : Moskvič 408 dans sa version construite entre 1969 et 1975. Outre les phares avant, les feux arrière ont également été modifiés ; ils ne se trouvent plus en position verticale, mais horizontale. Photo : Otepää, 1999.
14 : Deux voitures soviétiques bien entretenues dans des couleurs étonnamment vives : à gauche une Moskvič 2137 (break), produite ▶

13

14

15

16

▶ *de 1976 à 1985 ; à droite une GAZ-21 Volga avec beaucoup de chrome. Photo : Narva, 1999.*
15, 16 : Bien que « Politsei » ne soit pas orthographié de la même manière en Allemagne, le style rappelle bien celui des voitures de la « Polizei ». Deux voitures d'intervention de type Lada 2105.
Photos : Kuressaare, 1998 ; Haapsalu, 1999.

17

18

19

17: Ein oft als „proletarisch" eingeschätztes Gefährt: ZAZ-968, wieder mit Dachgepäckträger, vor gediegener historischer Kulisse, dem Kursaal in Haapsalu. Die Treppe scheint funktionslos zu sein. Foto: 1999.
18, 19: Zweimal der Klassiker GAZ-21 Volga. Das Modell wird heute von Sammlern hoch geschätzt, die überlebenden Exemplare stehen in Museen oder werden aufwendig restauriert. Fotos: Haapsalu, 1999; Kanepi, 1999.

17: Often rated as a "proletarian" vehicle: ZAZ-968, again with a roof rack in front of an elegant historic background, the kursaal in Haapsalu. The staircase seems to be of no use. Photo: 1999.
18, 19: Twice the classical GAZ-21 Volga. Today this model is highly appreciated by collectors; the surviving ones are presented in museums or are carefully restored.
Photo: Haapsalu, 1999; Kanepi, 1999.

17 : Un véhicule souvent considéré comme « prolétarien » : ZAZ-968, de nouveau avec une galerie de toit, devant le kursaal d'Haapsalu, un lieu historique.
Les escaliers ne semblent pas très utiles. Photo : 1999.
18, 19 : Deux fois la classique GAZ-21 Volga. Ce modèle est aujourd'hui très prisé par les collectionneurs ; les exemplaires restants se trouvent dans des musées ou font l'objet de restaurations minutieuses. Photos : Haapsalu, 1999 ; Kanepi, 1999.

20, 21: Vorgänger der Volga-Modelle war der GAZ-M20 Pobeda („Sieg“ auf Russisch), gebaut 1946 bis 1958. Die Karosserieform orientierte sich am Opel Kapitän. Die Frontscheibe war noch geteilt. In Polen kam es später zu einer Lizenzfertigung namens FSO-M20 Warszawa.
Fotos: Otepää, 2002; Värska, 2003.
22: Karriere-Ende: eine Reihe ausrangierter ZAZ-968. Foto: Paide, 2002.
23: GAZ-21 Volga. Foto: Tallinn, 2005.

20

21

22

20, 21: A predecessor of the Volga model, the GAZ-M20 Pobeda ("victory" in Russian) was built from 1946 to 1958. The body shape was inspired by the Opel Kapitän. The windscreen was still split. Later the FSO-M20 Warszawa was produced in Poland under a licence agreement.
Photos: Otepää, 2002; Värska, 2003.
22: End of career: a row of discarded ZAZ-968. Photo: Paide, 2002.
23: GAZ-21 Volga. Photo: Tallinn, 2005.

20, 21 : La GAZ-M20 Pobeda (« victoire » en russe), produite de 1946 à 1958, est l'ancêtre des modèles Volga. La forme de la carrosserie était inspirée de l'Opel Kapitän. Le pare-brise était en deux parties. Une licence a par la suite été produite en Pologne sous le nom FSO-M20 Warszawa. Photos : Otepää, 2002 ; Värska, 2003.
22 : Fin de carrière : une série de ZAZ-968 abandonnées.
Photo : Paide, 2002.
23 : GAZ-21 Volga. Photo : Tallinn, 2005.

23

24, 25: Zwei Pseudo-Moskvič: Iž-21251 und AZLK-2138. Fotos: Tallinn, 2005; Uulu, 2004.
26: GAZ-21 Volga am Grenzübergang nach Russland. Foto: Narva, 2001.
27: Lada 2103 vor einem typischen Holzhaus. Foto: Tallinn, 2016.
28: ZAZ-968M; ein sehr gut gepflegtes Exemplar. Foto: Otepää, 2017.

24

25

26

24, 25: Two pseudo-Moskvič: Iž-21251 and an AZLK-2138. Photos: Tallinn, 2005; Uulu, 2004.
26: A GAZ-21 Volga at the Russian border. Photo: Narva, 2001.
27: Lada 2103 in front of a typical timber house. Photo: Tallinn, 2016.
28: ZAZ-968M, a very neat sample. Photo: Otepää, 2017.

27

28

24, 25 : Deux pseudo-Moskvič : Iž-21251 et AZLK-2138. Photos : Tallinn, 2005 ; Uulu, 2004.
26 : GAZ-21 Volga au passage frontalier vers la Russie. Photo : Narva, 2001.
27 : Lada 2103 devant une maison en bois typique. Photo : Tallinn, 2016.
28 : ZAZ-968M, un exemplaire très bien entretenu. Photo : Otepää, 2017.

29

29: „Mereõhk teeb vabaks“ – auf Deutsch „Seeluft macht frei“. Ausblick vom neuen Meeresmuseum Lennusadam. Foto: Tallinn, 2012.
30: Ein Moskvič 408 an der Nordküste. Foto: bei Toila, 2006.

29: "Mereõhk teeb vabaks" – in English "A fresh sea breeze sets you free". View from the new ocean museum Lennusadam. Photo: Tallinn, 2012.
30: A Moskvič 408 on the north coast. Photo: near Toila, 2006.

29 : « Mereõhk teeb vabaks » – « L'air marin vous libère » en français. Vue depuis le nouveau musée maritime Lennusadam. Photo : Tallinn, 2012.
30 : Une Moskvič 408 sur la côte nord. Photo : près de Toila, 2006.

30

31

32

31: Ein Moskvič 2138 parkt in einer Gasse, die direkt ans Meer führt. Foto: Haapsalu, 2005.
32: Bunte Aufstellung sowjetischer Klassiker: Volga, zweimal Lada, Pobeda. Foto: Värska, 2003.

31: A Moskvič 2138 is parked in an alley which leads directly to the sea. Photo: Haapsalu, 2005.
32: Colourful set up of Soviet classics: Volga, twice a Lada, Pobeda. Photo: Värska, 2003.

31 : Une Moskvič 2138 garée dans une ruelle menant directement à la mer. Photo : Haapsalu, 2005.
32 : Une panoplie colorée d'anciennes soviétiques : Volga, deux Lada, Pobeda. Photo : Värska, 2003.

33: GAZ-21 Volga in einem sehr gepflegten Zustand. Foto: Otepää, 2008.
34: Moskvič 408. Die Anordnung der Rückleuchten lässt auf die Baujahre 1969 bis 1975 schließen.
Foto: Põlva, 2006.
35: Der Moskvič 2140 ist die neuere Version, gebaut 1975 bis 1988. An der Karosserie gab es nur kleinere Änderungen, eine wirkliche Neuerung war hier der Leichtmetall-Motor. Das grüne Exemplar desselben Typs trägt am Frontgrill den Werksnamen AZLK. Foto: Narva, 2007.

33

34

35

33: GAZ-21 Volga in a well maintained condition. Photo: Otepää, 2008.
34: Moskvič 408. The arrangement of the back lights suggests that it was manufactured between 1969 and 1975. Photo: Põlva, 2006.
35: The Moskvič 2140 in its later version built from 1975 to 1988. Only small changes were made on the body, a real innovation was the light metal engine. The green car of the same series carries the factory name AZLK. Photo: Narva, 2007.

33 : GAZ-21 Volga très bien entretenue. Photo : Otepää, 2008.
34 : Moskvič 408. La disposition des feux arrière indique la version produite entre 1969 et 1975. Photo : Põlva, 2006.
35 : La Moskvič 2140 est la version plus moderne, construite de 1975 à 1988. La carrosserie n'a subi que quelques modifications, mais le moteur en alliage était une petite révolution. L'exemplaire en vert du même type porte le nom de l'usine AZLK sur la calandre. Photo : Narva, 2007.

36

37

38

36: ZAZ als Blumenkübel vor dem Lokal „Seitsmes taevas" („im Siebten Himmel") im Küstenort Võsu. Foto: 2006.
37: GAZ-21 Volga am Markt in Otepää. Foto: 2008.
38: Der Lada 2108 Samara hieß in Russland Sputnik. Er wurde ab 1984 produziert. Abgebildet ist hier das überarbeitete Modell 2113, das erst 1997 herauskam. Foto: Rakvere, 2006.

36: ZAZ used as flower pot in front of the pub "Seitsmes taevas" ("in Seventh heaven") in the seaside town of Võsu. Photo: 2006.
37: GAZ-21 Volga at the market place in Otepää. Photo: 2008.
38: The Lada 2108 Samara was called Sputnik in Russia. It was manufactured from 1984 onwards. Here the revised model 2113 which arrived only in 1997. Photo: Rakvere, 2006.

36 : ZAZ en pot de fleur devant le restaurant « Seitsmes taevas » (« au Septième Ciel ») dans la ville côtière de Võsu. Photo : 2006.
37 : GAZ-21 Volga sur le marché d'Otepää. Photo : 2008.
38 : En Russie, la Lada 2108 Samara s'appelait Spoutnik. Elle était produite dès 1984. À l'image le modèle restylé 2113, sorti en 1997. Photo : Rakvere, 2006.

39

39: Estnisches Plakat mit Volga-Limousine: „Vater, fahr vorsichtig! Ich warte daheim auf dich."
40, 41: Ein vorbildlich restaurierter GAZ-21 Volga. Foto: Insel Muhu, 2011.

39: Estonian poster with a Volga saloon: "Father, drive carefully! I am waiting for you at home"
40, 41: A beautifully restored GAZ-21 Volga. Photo: Muhu island, 2011.

39 : Affiche estonienne avec la berline Volga : « Père, sois prudent sur la route ! Je t'attends à la maison. »
40, 41 : Une GAZ-21 Volga restaurée comme il se doit.
Photo : île de Muhu, 2011.

40

41

42

43

42: Alles im grünen Bereich: Moskvič 2140 mit nicht ganz passender Tür im Gemüsegarten.
Foto: Taevaskoja, 2008.
43: Die davon abgeleitete Fließheck-Version unter der Bezeichnung Iž-21251. Foto: Otepää, 2008.

42: Going for green: a Moskvič 2140 with a slightly inappropriate door in the vegetable garden.
Photo: Taevaskoja, 2008.
43: The derived hatchback version under the designation Iž-21251. Photo: Otepää, 2008.

42 : Mise au vert : Moskvič 2140 dans le potager avec une portière pas tout à fait adaptée.
Photo : Taevaskoja, 2008.
43 : La version dérivée à hayon portant la dénomination Iž-21251. Photo : Otepää, 2008.

44: Ausgestellt im Estnischen Landstraßenmuseum: Žiguli 2101, gebaut 1970 bis 1988. Der Ur-Lada entsprach dem Fiat 124. Foto: Varbuse, 2011.
45, 47: Moskvič 2138 – nochmals Heck und Front. Fotos: Võru, 2011; Otepää, 2011.
46: Lada 2103 in hervorragendem Zustand. Foto: Insel Hiiumaa, 2017.
48: Lada 2102, die Kombi-Version des ersten Lada. Foto, Tallinn 2013.
49: Drei äußerlich gleiche Autos. Die Schriftzüge am Heck weisen jedoch Žiguli und Lada aus. Foto: Võru, 2011.

44: Exhibited in the Estonian Road Museum: Žiguli 2101, built from 1970 to 1988. The very first Lada corresponded to the Fiat 124. Photo: Varbuse, 2011.
45, 47: Moskvič 2138 – again back and front. Photos: Võru, 2011; Otepää, 2011.
46: Lada 2103 in excellent condition. Foto: Hiiumaa island, 2017.
48: Lada 2102, the estate version of the first Lada. Photo: Tallinn, 2013.
49: Three cars that look identical from the outside. Only the labels on the rear identify them as Žiguli and Lada. Photo: Võru, 2011.

44 : Exposée dans le Musée estonien de la route : Žiguli 2101, produite de 1970 à 1988. La Lada originelle correspondait à la Fiat 124. Photo : Varbuse, 2011.
45, 47 : Moskvič 2138 – de l'arrière et de l'avant. Photos : Võru, 2011 ; Otepää, 2011.
46: Lada 2103 dans un excellent état. Photo : île de Hiiumaa, 2017.
48 : Lada 2102, la version break de la première Lada. Photo : Tallinn 2013.
49 : Trois voitures d'aspect identique. Seule l'inscription à l'arrière permet de distinguer la Žiguli et la Lada. Photo : Võru, 2011.

44

45

46

47

48

49

50

51

50 : Resplendissante : Moskvič 402, produite de 1956 à 1958. Le type 407 à calandre modifiée a ensuite été commercialisé jusqu'en 1964. Photo : Tartu, 2009.
51 : Moskvič 400, produite de 1947 à 1956 sur les chaînes de production de l'Opel Kadett, qui ont été démontées et expédiées en URSS. La couleur vert pomme n'est vraisemblablement pas d'origine. Le véhicule porte une plaque d'immatriculation avec la première lettre K, délivrée au départ pour Kuressaare, et même pour l'ensemble de l'île de Saaremaa. La codification régionale a majoritairement été abandonnée en Estonie. Photo : Kuressaare, 1998.

50: In neuem Glanz: Moskvič 402, gebaut 1956 bis 1958. Danach als Typ 407 mit modifiziertem Frontgrill bis 1964 ausgeliefert. Foto: Tartu, 2009.
51: Moskvič 400, gebaut 1947 bis 1956 auf den demontierten und in die UdSSR verfrachteten Fließbändern des Opel Kadett. Die grasgrüne Lackierung ist wohl nicht original. Das Fahrzeug trägt ein Nummernschild mit dem Anfangsbuchstaben K, wie es anfangs für Kuressaare bzw. die ganze Insel Saaremaa ausgegeben wurde. Die regionale Codierung wurde in Estland weitgehend aufgegeben. Foto: Kuressaare, 1998.

50: New glamour: Moskvič 402, built from 1956 to 1958. After that, it was delivered as Type 407 with modified front grill until 1964. Photo: Tartu, 2009.
51: Moskvič 400, built from 1947 to 1956 on the dismantled Opel Kadett assembly chains which were transferred to the USSR. The grass-green paint is most probably not the original colour. The vehicle carries a number plate with the initial letter K, originally distributed for Kuressaare, respectively for the whole island of Saaremaa. The regional coding has been largely abandoned in Estonia. Photo: Kuressaare, 1998.

52: Žiguli 2103. Der Name Lada galt zunächst nur für Exporte nach Westeuropa. Foto: Tartu, 2014.
53: Lada 2102 (Kombi-Version), hier auf großen Füßen. Foto: Tartu, 2012.
54: Estnisches Landstraßenmuseum: ZAZ-965, gebaut 1960 bis 1969; gewisse Ähnlichkeit mit Fiat 600. Foto: Varbuse, 2011.
55, 56: Nochmals zwei Žiguli alias Lada, hier das frühere Modell 2101. Fotos: Tartu, 2013; Sangaste, 2014.

52

53

54

55

56

52: Žiguli 2103. The name Lada was initially only used for the export to Western Europe. Photo: Tartu, 2014.
53: Lada 2102 (estate), here on "big feet". Photo: Tartu, 2012.
54: Estonian Road Museum: ZAZ-965, built from 1960 to 1969; a certain resemblance with the Fiat 600. Photo: Varbuse, 2011.
55, 56: Again two Žiguli alias Lada, here the previous model 2101. Photos: Tartu, 2013; Sangaste, 2014.

52 : Žiguli 2103. Au début, le nom Lada n'était utilisé que pour les exportations vers l'Europe de l'Ouest. Photo : Tartu, 2014.
53 : Une Lada 2102 (version break) haut perchée. Photo : Tartu, 2012.
54 : Musée estonien de la route : ZAZ-965, produite de 1960 à 1969 ; une certaine ressemblance avec la Fiat 600. Photo : Varbuse, 2011.
55, 56 : Deux autres Žiguli alias Lada, ici le modèle plus ancien 2101. Photos : Tartu, 2013 ; Sangaste, 2014.

57

58

57: Žiguli 2101 als Exponat im Estnischen Landstraßenmuseum; schwarzes Nummernschild der Estnischen Sowjetrepublik.
Foto: Varbuse, 2011.
58: Dasselbe Modell nochmals in freundlicherem Farbton.
Foto: Tsooru, 2014.

57: Here, a Žiguli 2101 shown as an exhibit at the Estonian Road Museum, black number plate of the Estonian Soviet Republic. Photo: Varbuse, 2011.
58: Again the same model in a friendlier colour shade. Photo: Tsooru, 2014.

57 : Žiguli 2101 exposée dans le Musée estonien de la route ; plaques noires de la république soviétique d'Estonie. Photo : Varbuse, 2011.
58 : Le même modèle dans une teinte plus gaie. Photo : Tsooru, 2014.

59: GAZ-21 Volga. Der 2,5-Liter-Motor war ziemlich durstig, aber in der Sowjetunion waren die Benzinpreise niedrig. Heutige Besitzer des begehrten Oldtimers müssen für Unterhalt und Betrieb tief in die Tasche greifen. Foto: Otepää, 2009.
60: ZAZ-965, gebaut 1960 bis 1969. Mit seinen 23, später 30 PS, erreichte der Kleinstwagen kaum 100 km/h. Foto: Otepää, 2015.
61: Filmplakat mit ZAZ-965. Foto: Tallinn, 2013.
62, 63: Zweimal derselbe, aber beige als Moskvič 412, weiß als Iž-412 beschriftet. Foto: Otepää, 2015, 2009.

59: GAZ-21 Volga. The 2.5L engine was quite thirsty, but in the Soviet Union the petrol prices were low. The today's owners of the much desired classic have to grab deep in their pockets for maintenance and operation. Photo: Otepää, 2009.
60: ZAZ-965, built from 1960 to 1969. With his 23, later 30 hp, the small car could hardly reach 100 km/h. Photo: Otepää, 2015.
61: Film poster with ZAZ-965. Photo: Tallinn, 2013.
62, 63: Twice the same, but beige as a Moskvič 412, and white as an Iž-412. Photo: Otepää, 2015, 2009.

59

60

62

61

59 : GAZ-21 Volga. Le moteur 2,5 litres était plutôt gourmand, mais le prix du carburant était bas dans l'Union soviétique. Les propriétaires actuels de cette voiture de collection doivent mettre la main à la poche pour l'entretenir et l'utiliser. Photo : Otepää, 2009.
60 : ZAZ-965, produite de 1960 à 1969. Avec ses 23, puis 30 ch, cette petite voiture atteignait à peine les 100 km/h. Photo : Otepää, 2015.
61 : Affiche de film avec une ZAZ-965. Photo : Tallinn, 2013.
62, 63 : Deux fois la même, mais deux noms différents ; Moskvič 412 en beige, Iž-412 en blanc. Photo : Otepää, 2015, 2009.

63

64

65

66

64: Idylle in Grasgrün mit ZAZ-968M Zaporožec. Foto: Otepää, 2013.
65: GAZ-24, der neuere Volga; hier mit lettischem Nummernschild. Foto: Otepää, 2013.
66: GAZ-24-02, der dazugehörige Kombi, wurde ab 1972 produziert. Die Stückzahlen blieben recht gering. Auf Wunsch gab es sogar eine dritte Sitzreihe und Platz für sieben Personen. Foto: Tallinn, 2014.

64: Grass-green idyll with a ZAZ-968M Zaporožec. Photo: Otepää, 2013.
65: GAZ-24, the new Volga; here with a Latvian number plate. Photo: Otepää, 2013.
66: GAZ-24-02, the corresponding estate version, was built from 1972 onwards. However, relatively few units were produced. On special request, a third seating row and space for seven people was available. Photo: Tallinn, 2014.

64 : Une idylle vert pomme avec une ZAZ-968M Zaporožec. Photo : Otepää, 2013.
65 : GAZ-24, la nouvelle Volga ; ici avec une plaque lettonne. Photo : Otepää, 2013.
66 : La GAZ-24-02, la version break, était produite dès 1972. Les chiffres de production sont restés faibles. Il était même possible de commander une troisième banquette pour offrir de la place à sept personnes. Photo : Tallinn, 2014.

67

68

67, 68: ZAZ-968M (grün) und der ältere ZAZ-968A (gelb) unterscheiden sich durch die seitlichen Lufteinlässe des Heckmotors. Fotos: Tartu, 2015; Valkla, 2015.
69: Iž-412 in sehr gutem Zustand. Foto: Võru, 2016.
70, 71: AZLK bzw. Moskvič 2138 im winterlichen Einsatz vor der Markthalle. Foto: Tartu, 2017.

67, 68: The ZAZ-968M (green) and the older ZAZ-968A (yellow) differ from the lateral air intakes for the rear engine. Photos: Tartu, 2015; Valkla, 2015.
69: Iž-412 in very good condition. Photo: Võru, 2016.
70, 71: AZLK or Moskvič 2138 in service during winter in front of the market hall. Photo: Tartu, 2017.

67, 68 : La ZAZ-968M (vert) et la plus ancienne ZAZ-968A (jaune) se distinguent par les entrées d'air latérales du moteur arrière.
Photos : Tartu, 2015 ; Valkla, 2015.
69 : Iž-412 en très bon état. Photo : Võru, 2016.
70, 71 : AZLK, ou Moskvič 2138, en plein hiver devant la halle du marché. Photo : Tartu, 2017.

69

70

71

72

72: Ein Lada 2105 parkt vor dem Friedhofsportal. Foto: Põlva, 2016.
73: Garagenzeilen neben Wohnblocks – ein typisches Relikt der Sowjet-Ära; Wartungsarbeiten an einem Lada 2101. Foto: Tallinn 2016.
74: Winterschlaf: Lada 2103. Foto: Põltsamaa, 2017.
75: Einfach, robust, preiswert: Der Geländewagen Lada 2121 Niva/Taiga war 2017 bereits seit 40 Jahren auf dem Markt! Foto: Kolkja, 2017.

72: A Lada 2105 is parked in front of the cemetery entrance. Photo: Põlva, 2016.
73: Garage rows next to apartment buildings – a typical relic of the Soviet era; maintenance work on a Lada 2101. Photo: Tallinn 2016.
74: Hibernation: Lada 2103. Photo: Põltsamaa, 2017.
75: Simple, tough, cheap: In 2017, the off-road car Lada 2121 Niva/Taiga was already on the market for 40 years! Photo: Kolkja, 2017.

72 : Une Lada 2105 garée devant le portail d'un cimetière. Photo : Põlva, 2016.
73 : Une rangée de garages à côté d'un bloc résidentiel – une relique typique de l'ère soviétique ; travaux d'entretien sur une Lada 2101. Photo : Tallinn, 2016.
74 : Hibernation : Lada 2103. Photo : Põltsamaa, 2017.
75 : Simple, robuste, abordable : le tout-terrain Lada 2121 Niva/Taiga fête ses 40 ans de commercialisation en 2017 ! Photo : Kolkja, 2017.

73

74

75

76: Schild: „Parken mit laufendem Motor verboten!"
77: Abgestellte Lada bzw. Žiguli am Rande des Freilichtmuseums. Foto: Tallinn, 2016.
78: Lada 2105, die Version mit Doppelscheinwerfern. Foto: Elva, 2016.
79: Žiguli 2101 mit seltsamer Dachladung. Foto: Otepää, 2016.

76

77

78

79

76: Sign: "Parking with running engine prohibited!"
77: Lada or Žiguli parked near the open-air museum. Photo: Tallinn, 2016.
78: Lada 2105, in a version with double headlights. Photo: Elva, 2016.
79: Žiguli 2101 with an odd rooftop loading. Photo: Otepää, 2016.

76 : Panneau : « Interdiction de stationner avec le moteur en marche ! »
77 : Quelques Lada ou Žiguli garées au bord du musée en plein air. Photo : Tallinn, 2016.
78 : Lada 2105, la version à double phares. Photo : Elva, 2016.
79 : Žiguli 2101 avec un curieux chargement de toit. Photo : Otepää, 2016.

80

80: Winterszene an der Tankstelle: Lada 2105 mit Anhänger. In den 2010er Jahren lag zeitweise sehr wenig Schnee für estnische Verhältnisse! Foto: Linnamäe, 2017.
81: Mit viel Bitumen hält man den Wagen beisammen und bringt nebenbei eine Zweifarblackierung zustande: Der Lada 2101 ist in die Jahre gekommen. Foto: Padise, 2017.

80: A winter scene at a petrol station: Lada 2105 with trailer. In the 2010s there were periods with little snow, rather unusual for Estonian winter life! Photo: Linnamäe, 2017.
81: The car is held together with the help of a certain amount of bitumen and consequently presents a double-colour coating: This Lada 2101 has seen better days. Photo: Padise, 2017.

80 : Scène hivernale à la station-service : Lada 2105 avec remorque. Dans les années 2010, les chutes de neige ont été anormalement faibles en Estonie ! Photo : Linnamäe, 2017.
81 : Une bonne dose de bitume permet d'éviter à la voiture de tomber en morceaux, et lui confère une teinte bi-ton à la même occasion. Cette Lada 2101 a fait son temps. Photo : Padise, 2017.

81

Die toten Autos von Järva-Jaani
The dead cars of Järva-Jaani
Les voitures mortes de Järva-Jaani

82

Ein behelfsmäßig eingezäuntes Wiesengelände am Rande der Ortschaft Järva-Jaani, gut hundert Kilometer südöstlich von Tallinn: Massenhaft sind hier Erzeugnisse sowjetischer Fahrzeugproduktion aufgereiht – und rosten langsam vor sich hin. Immerhin nennt sich diese ebenso interessante wie kuriose Sammlung ganz offiziell auf Estnisch „Järva-Jaani vanatehnika varjupaik" (etwa: Asyl für alte Technik). Es ist ein Platz der Gnade, der die angelieferten Autos vor dem direkten Weg in die Schrottpresse bewahren mag. Mehr kann angesichts der Fülle wohl nicht geleistet werden, abgesehen von ein paar einzelnen Restaurierungsprojekten. Ein Rundgang über das Areal entführt den Besucher in Zeiten, die zumindest hier im Baltikum längst vergangen sind.

Neben einstigen Alltagsautos wie Lada oder Moskvič, vorrätig in vielerlei Typen und Lackierungen, stößt man unerwartet auf wahre Ungetüme, die man gern in Aktion erlebt hätte. Improvisationskunst hat sicher das eine oder andere klobige Unikat entstehen lassen. Sogar eine Tallinner Straßenbahn schaffte es bis auf den rettenden Acker. Über den gesamten Bestand und laufende Neuzugänge wird akribisch Buch geführt und zwar unter *www.varjupaik.jjts.ee,* allerdings nur auf Estnisch. Alle Fotos: 2016 (mit freundlicher Genehmigung des Betreibers).

83

In badly fenced fields on the edge of Järva-Jaani, about hundred kilometers southeast of Tallinn, plenty of Soviet vehicles are lined up, slowly rusting away. This interesting as well as curious collection is officially called in Estonian: "Järva-Jaani vanatehnika varjupaik" (something like: asylum for old technology). It is a last place of mercy which saves the cars from the scrap press. More cannot be done considering the quantity there, apart from the few individual restoration projects. A tour across the area takes the visitor back to a time that is long gone here in the Baltic region. In addition to everyday used cars such as Lada or Moskvič models which are available in various types and colours, the visitor unexpectedly comes across true monsters which he would have liked to see

82: Sammlung estnischer Autokennzeichen aus mehreren Jahrzehnten.
83: Sowjetische Spezialfahrzeuge (wahrscheinlich Einzelanfertigungen).
84: Drei Generationen Moskvič in Reihe: ein 400er, drei 402/407er und 408/412er.
85: Zwei UAZ-Transporter; links mit seltener Frontgestaltung.

82 : Collection de plusieurs décennies de plaques estoniennes.
83 : Véhicules spéciaux soviétiques (probablement des modèles uniques).
84 : Trois générations de Moskvič à la suite : une 400, trois 402/407 et 408/412.
85 : Deux camionnettes UAZ ; à gauche avec une face avant peu commune.

84

in action. Improvisational art certainly has created one or the other specimen. Even a tram from Tallinn made it to the rescue field. The entire inventory and new arrivals are precisely noted on the website *www.varjupaik.jjts.ee*, but only in Estonian language.
All photos: 2016 (with courtesy of the operator).

82: A collection of Estonian number plates from several decades.
83: Special Soviet vehicles (most probably special productions).
84: Three Moskvič generations lined up: a 400, three 402/407 and a 408/412.
85: Two UAZ transporters; on the left with a rare front design.

85

Un champ sommairement clôturé au bord de la commune de Järva-Jaani, à une bonne centaine de kilomètres au sud-est de Tallinn : des rangées de véhicules soviétiques à perte de vue – abandonnés à leur sort et lentement rongés par la rouille. Néanmoins, cette collection aussi intéressante qu'insolite est officiellement appelée « Järva-Jaani vanatehnika varjupaik » en estonien (« L'asile des vieilles mécaniques »). C'est un lieu où la grâce épargne les véhicules d'être envoyés directement dans le broyeur. Et c'est tout ce qui peut être fait au vu de l'abon-

86: Škoda 9Tr, Baujahr 1981; Obus der Verkehrsbetriebe Vilnius, ausrangiert 2006.
87: Busse des Typs LAZ-695 wurden über 50 Jahre lang gebaut; neuere und ältere Version.
88: Aufstellung von ZAZ-968; vorn ein ZAZ-965.
89: Und in zweiter Reihe: nochmals die Moskvič-Modelle.

86

87

88

89

dance, mis à part quelques exemplaires qui seront sauvés pour être restaurés. Une promenade sur ce terrain emmène le visiteur à une époque depuis longtemps révolue dans cette partie de la région baltique.

À côté des anciennes voitures de tous les jours, comme des Lada ou des Moskvič de tous les types et de toutes les couleurs, on tombe parfois sur de véritables monstres mécaniques, que l'on aurait voulu voir en action. L'art de l'improvisation a aussi certainement donné naissance à certaines pièces uniques et difformes. Même un tramway de Tallinn a réussi à se faire une place sur ce champ salvateur. Le stock complet et les nouveaux ajouts sont minutieusement répertoriés et consultables à l'adresse *www.varjupaik.jjts.ee*, mais uniquement en estonien. Toutes les photos : 2016 (avec l'aimable autorisation de l'exploitant).

86: Škoda 9Tr, year of construction: 1981. Trolleybus from the Vilnius transport services, discarded in 2006.
87: LAZ-695 buses have been manufactured for over 50 years, recent and older version.
88: Collection of ZAZ-968; in the foreground, a ZAZ-965.
89: And in the second line: more Moskvič models.

86 : Škoda 9Tr, année modèle 1981 ; trolleybus des sociétés de transport de Vilnius, mis hors service en 2006.
87 : Les bus du type LAZ-695 ont été produits pendant plus de 50 ans ; version plus récente et plus ancienne.
88 : Une rangée de ZAZ-968 ; à l'avant une ZAZ-965.
89 : Sur la deuxième rangée, les mêmes modèles Moskvič qu'auparavant.

90

92

91

90: ZAZ-968, dahinter Moskvič 402/407.
91: Nummernschild der ehemaligen Estnischen Sowjetrepublik.
92: Moskvič 408/412 und ältere; rechts ein Ikarus-Bus aus Tallinn.

90: ZAZ-968 in front of a Moskvič 402/407.
91: Number plate of the former Estonian Soviet Republic.
92: Moskvič 408/412 and older models; on the right hand an Ikarus bus from Tallinn.

90 : ZAZ-968 devant une Moskvič 402/407.
91 : Plaque d'immatriculation de l'ancienne république soviétique d'Estonie.
92 : Moskvič 408/412 et plus anciennes ; à droite un bus Ikarus de Tallinn.

93: ZAZ-965 als Polizeiwagen – hat sich da einer einen Scherz erlaubt?
94: Blick über das Abstellgelände.
95: Kleinbusse: vorn RAF-2203, dahinter ErAZ-762, ZSD Nysa 522, FSC Żuk A-07.
96: Vergleichsweise klein erscheint der Kastenwagen Iž-2715 neben einer riesigen US-Limousine der Marke Hudson, die auf seltsamen Wegen einst in die Sowjetunion gelangt sein muss.

93

94

95

96

93: A ZAZ-965 police car – was someone joking?
94: View over the field.
95: Minibuses: in the front a RAF-2203, behind an ErAZ-762, ZSD Nysa 522, FSC Żuk A-07.
96: The Iž-2715 box van appears small next to the enormous American Hudson saloon, which once must have arrived on mysterious ways into the Soviet Union.

93 : ZAZ-965 en voiture de police – quelqu'un aurait-il fait une blague ici ?
94 : Vue du champ.
95 : Minibus : à l'avant un RAF-2203, derrière un ErAZ-762, un ZSD Nysa 522 et un FSC Żuk A-07.
96 : La fourgonnette Iž-2715 paraît petite à côté de l'immense berline américaine de marque Hudson, qui a mystérieusement atterri en Union soviétique.

97

98

99

100

97: Rear view of several Moskvič generations.
98: Among the exhibits are some unique models, like this tractor with self-built elements.
99: Hardly recognizable as a Moskvič!
100: Number plate of the Estonian Soviet Republic from the 1960s, newer ones carried the first letters EA.

97: Heckansichten diverser Moskvič-Generationen.
98: Unter den Exponaten findet sich manches Unikat, z.B. dieser Traktor mit Eigenbau-Elementen.
99: Gerade noch als Moskvič zu erkennen!
100: Nummernschild der Estnischen Sowjetrepublik aus den 1960er Jahren; spätere trugen die Anfangsbuchstaben EA.

97 : Vues arrière de différentes générations de Moskvič.
98 : L'exposition compte aussi certaines pièces uniques, comme ce tracteur avec des éléments bricolés.
99 : On arrive à peine à distinguer qu'il s'agit d'une Moskvič !
100 : Plaque d'immatriculation de la république soviétique d'Estonie des années 1960 ; les plaques plus récentes portaient les premières lettres EA.

101: MAZ-Löschfahrzeug der Flughafenfeuerwehr, gebaut 1977.
102: Lieferwagen des Typs TA-3763; gebaut von 1987 bis 1992 in den Tartuer Testwerkstätten.
103: GAZ-52; weit verbreitetes Lkw-Modell, allerdings meistens in Hellblau.

101: MAZ fire engine of an airport fire department, built 1977.
102: A TA-3763 delivery van; built from 1987 to 1992 in the Tartu trial factories.
103: GAZ-52; a common lorry model, often in light blue, unlike this one.

101

102

101 : Véhicule d'extinction des sapeurs-pompiers d'aéroport, produit en 1977.
102 : Camionnettes du type TA-3763 ; produites de 1987 à 1992 dans les usines d'essai de Tartu.
103 : GAZ-52 ; un modèle de camion très répandu, la plupart du temps cependant en bleu ciel .

103

104

105

104: ZIL-164 als Feuerwehrauto, Baujahr 1959; zuletzt auf einer Kolchose stationiert.
105: Schriftprägung „Autofabrik Gorkij" auf GAZ-51.
106: GAZ-51, in der Vorkriegszeit entwickelt und 1946 bis 1975 fast 3,5 Millionen Mal gebaut.

104: ZIL-164 as a fire engine, built in 1959; last used on a kolkhoz.
105: Stamp "automobile factory Gorkij" on a GAZ-51.
106: GAZ-51, developed during the pre-war period and built nearly 3.5 million times from 1946 to 1975.

104 : ZIL-164 en camion de pompiers, produit en 1959 ; dernièrement stationné sur un kolkhoze.
105 : Estampage « usine automobile de Gorkij » sur un GAZ-51.
106 : GAZ-51, développé avant la guerre et produit à près de 3,5 millions d'exemplaires entre 1946 et 1975.

106

107: Kallaste am Peipus-See ist ein Ort mit überwiegend russischsprachiger Bevölkerung. Foto: 2015.
108: ZSD Nysa 522, gebaut 1968 bis 1994 in Polen; im Baltikum eine Rarität. Dahinter ErAZ-762, gebaut 1965 bis 1996 in der Armenischen Sowjetrepublik bzw. Armenien. Beide Modelle waren für das System unverzichtbar, aber längst nicht mehr zeitgemäß. Foto: Otepää, 1998.
109: Szene in der Kleinstadt Võru. Foto: 1998.
110: Um die Jahrtausendwende noch Realität: GAZ-53 mit Brennholz vor dem Postamt Elva. Foto: 2001.

107: Situated at the Peipus lake, Kallaste has a mainly Russian-speaking population. Photo: 2015.
108: ZSD Nysa 522, built from 1968 to 1994 in Poland; very rare in the Baltic region. Behind, an ErAZ-762, built from 1965 to 1996 in the Armenian Soviet Republic, i.e. Armenia. Both models were essential for the system, but no longer up to date. ▶ Photo: Otepää, 1998.
109: Life in the small town of Võru. Photo: 1998.
110: Around the turn of the millennium still reality: a GAZ-53 with wood in front of the post office in Elva. Photo: 2001.

107 : La ville de Kallaste au bord du lac Peïpous est un endroit où la population est majoritairement russophone. Photo : 2015.
108 : ZSD Nysa 522, construit de 1968 à 1994 en Pologne ; une rareté dans la région baltique. Derrière, un ErAZ-762, construit entre 1965 et 1996 dans la république soviétique d'Arménie, respectivement l'Arménie. Les deux modèles étaient indispensables au système, mais totalement obsolètes. Photo : Otepää, 1998.
109 : Scène dans la petite ville de Võru. Photo : 1998.
110 : Toujours d'actualité au tournant du millénaire : GAZ-53 avec un chargement de bois de chauffage devant le bureau de poste d'Elva. Photo : 2001.

107

108

109

110

111

111: Wegweiser in Kanepi. Foto: 2014.
112: Sattelschlepper ZIL-130V wartet an der Saaremaa-Fähre. Foto: Kuivastu, 1998.
113: RAF-3311, die seltene Pickup-Version mit Doppelkabine vom Kleinbus RAF-2203. Foto: Tartu, 2017.
114: ZIL-130 mit Baugerüsten. Foto: Tartu, 1999.
115: Robur LO-3000. Der typische DDR-Laster gelangte wohl auf Umwegen ins Baltikum. Foto: Tartu, 1998.
116: ZIL-157 („Krokodil"), gebaut 1958 bis 1994; ein gängiges Armeefahrzeug. Foto: Audru, 2002.

112

113

114

111: Direction signs in Kanepi. Photo: 2014.
112: A ZIL-130V semi-trailer waits for the Saaremaa ferry. Photo: Kuivastu, 1998.
113. RAF-3311, the rare pickup version with double cabin of the RAF-2203 minibus. Photo: Tartu, 2017.
114: A ZIL-130 with scaffoldings. Photo: Tartu, 1999.
115: A Robur LO-3000. The typical GDR lorry which most probably reached the Baltic regions on circuitous routes. Photo: Tartu, 1998.
116: ZIL-157 ("Crocodile"), built from 1958 to 1994; a common military vehicle. Photo: Audru, 2002.

111 : Panneaux d'indication modernes à Kanepi. Photo : 2014.
112 : Ce semi-remorque ZIL-130V attend son tour pour embarquer sur le ferry de Saaremaa. Photo : Kuivastu, 1998.
113. RAF-3311, une version rare pickup avec la cabine double du minibus RAF-2203. Photo: Tartu, 2017.
114 : ZIL-130 avec des échafaudages. Photo : Tartu, 1999.
115 : Robur LO-3000. Le camion typique de RDA a certainement dû faire quelques détours avant d'arriver dans la région baltique. Photo : Tartu, 1998.
116 : ZIL-157 (« Crocodile »), produit de 1958 à 1994 ; un véhicule répandu dans l'armée. Photo : Audru, 2002.

115

116

117: UAZ-3303, die Pritschen-Version des UAZ-452, gebaut ab 1965 und derzeit immer noch lieferbar. Foto: Kasepää, 2008.
118: Dreiachsiger Kranwagen KS-3575A auf Basis des ZIL-133. Foto: Tallinn, 2006.
119, 121: GAZ-51, gebaut ab 1946; Lizenzfertigung auch in Polen, China und Nordkorea. Fotos: bei Põlva, 2004; Estnisches Landstraßenmuseum, 2013.
120: Schwere Muldenkipper KrAZ-256B, gebaut 1966 bis 1994 in der Ukraine. Foto: Sillamäe, 2006.

117

118

119

120

121

117: UAZ-3303, the pickup version of the UAZ-452, built since 1965 and still available today. Photo: Kasepää, 2008.
118: Three axle crane truck KS-3575A based on the ZIL-133. Photo: Tallinn, 2006.
119, 121: GAZ-51, built since 1946; produced under licence also in Poland, China and North Korea. Photos: near Põlva, 2004; Estonian Road Museum, 2013.
120: Heavy dump-truck KrAZ-256B, built from 1966 to 1994 in Ukraine. Photo: Sillamäe, 2006.

117 : UAZ-3303, la version à benne de l'UAZ-452, produit depuis 1965 et toujours disponible aujourd'hui. Photo : Kasepää, 2008.
118 : Grue mobile à trois essieux KS-3575A basé sur le ZIL-133. Photo : Tallinn, 2006.
119, 121 : GAZ-51, produit dès 1946 ; aussi produit sous licence en Pologne, en Chine et en Corée du Nord. Photos : près de Põlva, 2004 ; Musée estonien de la route, 2013.
120 : Une rangée de camions a benne lourds de type KrAZ-256B, produits entre 1966 et 1994 en Ukraine. Photo : Sillamäe, 2006.

122

123

124

125

122: UAZ-452 als Ambulanzwagen der Sowjetarmee. Foto: Kärdla, 2017.
123: GAZ-52 in Zivil-Lackierung.
Foto: Sillamäe, 2006.
124: GAZ-52 im Militär-Look.
Foto: Otepää 2011.
125: GAZ-52 und Nachfolger GAZ-3307.
Foto: Ort unbekannt, 2008.
126: Zwei ehemalige Militärwagen: dreiachsiger ZIL-157 und GAZ-66. Foto: Kärdla, 2017.

122: UAZ-452 as an ambulance of the Soviet Army. Photo: Kärdla, 2017.
123: GAZ-52 in civil livery. Photo: Sillamäe, 2006.
124: GAZ-52 in military look. Photo: Otepää 2011.
125: GAZ-52 and successor GAZ-3307. Photo: location unknown, 2008.
126: Two former military trucks: three axle ZIL-157 and a GAZ-66. Photo: Kärdla, 2017.

126

122 : UAZ-452 en ambulance de l'armée soviétique. Photo : Kärdla, 2017.
123 : GAZ-52 en teinte civile.
Photo : Sillamäe, 2006.
124 : GAZ-52 au look militaire. Photo : Otepää 2011.
125 : Un GAZ-52 et son successeur, le GAZ-3307. Photo : lieu inconnu, 2008.
126 : Deux anciens véhicules militaires : ZIL-157 à trois essieux et GAZ 66. Photo : Kärdla, 2017.

127: Der Kursaal in Haapsalu – Estlands größtes Gasthaus. Foto: 2007.
128: GAZ-53 Tankwagen als Kolchosenfeuerwehr.
Foto: Ort unbekannt, 2015.
129: KamAZ-5511, gebaut 1977 bis 1990 in der Autonomen Sowjetrepublik Tatarstan. Foto: Tartu, 2011.
130: GAZ-52 als Mobilkran.
Foto: Tartu, 2015.

127

128

129

127: The kursaal in Haapsalu – Estonia's biggest inn. Photo: 2007.
128: A GAZ-53 tank truck turned into a kolkhoz fire truck. Photo: location unknown, 2015.
129: KamAZ-5511, built from 1977 to 1990 in the independent Soviet Republic of Tatarstan. Photo: Tartu, 2011.
130: GAZ-52 as a mobile crane truck.
Photo: Tartu, 2015.

127 : Le kursaal d'Haapsalu – la plus grande salle des fêtes d'Estonie.
Photo : 2007.
128 : GAZ-53 à citerne comme autopompe des kolkhozes.
Photo : lieu inconnu, 2015.
129 : KamAZ-5511, produit de 1977 à 1990 dans la république soviétique autonome du Tatarstan.
Photo : Tartu, 2011.
130 : GAZ-52 en grue mobile.
Photo : Tartu, 2015.

130

132

131

133

131: Typische Kolchosen-Tankstelle.
Foto: Ruusmäe, 2008.
132: ZIL-130 auf einem Bauernhof.
Foto: Nõuni, 2011.
133, 134: Nochmals zwei GAZ-52.
Fotos: Räpina, 2012; Turba, 2015.

131: A typical kolkhoz petrol station.
Photo: Ruusmäe, 2008.
132: A ZIL-130 on a farm. Photo:
Nõuni, 2011.
133, 134: Two other GAZ-52. Photos:
Räpina, 2012; Turba, 2015.

131 : Une station-service typique des kolkhozes. Photo : Ruusmäe, 2008.
132 : ZIL-130 sur une ferme.
Photo : Nõuni, 2011.
133, 134 : Deux autres GAZ-52.
Photos : Räpina, 2012 ; Turba, 2015.

134

135

136

135: Baltische Flaggen: Lettland, Estland in der Mitte, hinten Litauen.
136: GAZ und ZIL mit Doppelkabine als ausrangierte Feuerwehrwagen. Foto: Aaspere, 2016.
137: ZIL-130 Feuerwehr. Foto: Aaspere, 2016.
138: GAZ-53 Feuerwehr. Foto: Insel Saaremaa, 2011.
139: Eine restaurierte und technisch aufgerüstete ZIL-Feuerwehr wird sorgsam gereinigt. Foto: Hüüru, 2016.

137

138

135: Baltic flags: Latvia, Estonia in the middle, Lithuania in the back.
136: GAZ and ZIL with double cabin, discarded fire engines. Photo: Aaspere, 2016.
137: Fire engine ZIL-130. Photo: Aaspere, 2016.
138: Fire engine GAZ-53. Photo: Saaremaa island, 2011.
139: A restored and technical upgraded ZIL fire engine is carefully cleaned. Photo: Hüüru, 2016.

135 : Drapeaux baltes : Lettonie, Estonie au milieu, Lituanie à l'arrière.
136 : Anciens camions de pompiers GAZ et ZIL à double cabine. Photo : Aaspere, 2016.
137 : Camion de pompiers ZIL-130. Photo : Aaspere, 2016.
138 : Camion de pompiers GAZ-53. Photo : île de Saaremaa, 2011.
139 : Nettoyage méticuleux pour ce camion de pompiers ZIL restauré et équipé d'accessoires modernes. Photo : Hüüru, 2016.

139

140: Der Storch ist im Baltikum allgegenwärtig.
141: Stillleben in der ehemaligen Fischereikolchose Kallaste. Foto: 2015.
142: Freilichtmuseum Tallinn: KAvZ-651, gebaut 1958 bis 1973 auf Basis des Lastwagens GAZ-51. Foto: 2016.
143: MTZ-80, gebaut ab 1973; typischer Kolchosentraktor aus Weißrussland. Foto: Karja, 2017.

141

142

140: Storks are omnipresent in the Baltic region.
141: Still life in the former fishing kolkhoz Kallaste. Photo: 2015.
142: Open-air museum Tallinn: KAvZ-651, built from 1958 to 1973 on the basis of the GAZ-51 truck. Photo: 2016.
143: A MTZ-80 built since 1973, a typical kolkhoze tractor from Belarus. Photo: Karja 2017.

143

140 : Dans les pays baltes, les cigognes sont omniprésentes.
141 : Nature morte dans l'ancien kolkhoze de pêche de Kallaste. Photo : 2015.
142 : Musée en plein air de Tallinn : KAvZ-651, produit de 1958 à 1973 sur la base du camion GAZ-51. Photo : 2016.
143 : MTZ-80, produit à partir de 1973 ; un tracteur de Biélorussie typique des kolkhozes. Photo : Karja, 2017.

144: Zwei GAZ-51, offenbar vor der Verschrottung gerettet; rechts noch mit Kennzeichen der Estnischen SSR. Foto: Kärdla, 2017.
145: ZIL-157 ohne Aufbau; man beachte das Auspuffrohr im US-Stil! Foto: Tallinn, 2016.
146: GAZ-51, offenbar restauriert, aber noch ohne Aufbau. Foto: Tallinn, 2016.
147: UAZ-469, gebaut 1971 bis heute; robuster Geländewagen (Standard-Jeep der Roten Armee). Foto: Haapsalu, 2017.

144

145

146

147

144: Two GAZ-51, apparently saved from being scrapped, the one on the right still with the number plate of the Estonian SSR. Photo: Kärdla, 2017.
145: A ZIL-157 without a superstructure; the exhaust pipe attracts the eye! Photo: Tallinn, 2016.
146: GAZ-51, apparently restored but still without a superstructure. Photo: Tallinn, 2016.
147: UAZ-469 built from 1971 until today, a robust off-road vehicle (standard jeep of the Red Army). Photo: Haapsalu, 2017.

144 : Deux GAZ-51, visiblement sauvés de la casse ; celui de droite porte toujours la plaque de la république soviétique d'Estonie. Photo : Kärdla, 2017.
145 : ZIL-157 sans superstructure ; noter le pot d'échappement au look américain ! Photo : Tallinn, 2016.
146 : Vu d'un peu plus près : apparemment restauré, mais encore dépourvu d'une superstructure. Photo : Tallinn, 2016.
147 : UAZ-469, produit de 1971 à nos jours ; un véhicule tout-terrain robuste (jeep standard de l'Armée rouge). Photo : Haapsalu, 2017.

148: Unterwegs wie damals: einstiger Kolchosenbus KAvZ-3270 als Touristenattraktion. Foto: Tallinn, 2013.
149: Heckansicht des KAvZ-3270. Man erkennt die enorme Bodenfreiheit, die den Einsatz auch auf sibirischen Feldwegen ermöglicht. Foto: Tallinn, 2015.
150: KAvZ-3270 im Alltagsbetrieb. Foto: Võru, 1998.
151: RAF-2203 („Rafik") aus lettischer Produktion, gebaut 1976 bis 1997. Der Bus war wohl als Pendant zum VW-Bus gedacht, Qualität und Fahreigenschaften galten jedoch als unbefriedigend. Gleichwohl war er in der UdSSR weit verbreitet, z.B. als Langstreckentaxi oder Ambulanzwagen. Foto: Taevaskoja, 1998.
152: PAZ-672, ebenfalls ein weit verbreiteter Personentransporter auf dem Lande. Foto: Võru, 1998.

148: On the road like in the old days: a former kolkhoz bus KAvZ-3270 used for tourists. Photo: Tallinn, 2013.
149: Rear view of a KAvZ-3270. The huge ground clearance helps to conquer the Siberian environment. Photo: Tallinn, 2015.
150: KAvZ-3270 still running. Photo: Võru, 1998.
151: RAF-2203 ("Rafik") of Latvian production, built from 1976 to 1997. This bus was the equivalent of the VW Kombi, however, the quality and the driving characteristics were not satisfying. Nevertheless it was widespread in the USSR, for example as a taxi or an ambulance. Photo: Taevaskoja, 1998.
152: PAZ-672, a very common bus on the countryside. Photo: Võru, 1998.

148

149

150

151

148 : En route comme à l'époque : ancien bus des kolkhozes KAvZ-3270 en attraction touristique. Photo : Tallinn, 2013.
149 : Vue arrière du KAvZ-3270. On constate l'énorme garde au sol qui permet une utilisation sur les chemins de campagne sibériens. Photo : Tallinn, 2015.
150 : Un KAvZ-3270 encore utilisé au quotidien. Photo : Võru, 1998.
151 : RAF-2203 (« Rafik ») de production lettone, construit de 1976 à 1997. Le bus était censé être l'équivalent du Transporter de Volkswagen, mais la qualité et les caractéristiques de conduite n'étaient pas satisfaisantes. Il était néanmoins très répandu en URSS, par exemple comme navette ou ambulance. Photo : Taevaskoja, 1998.
152 : PAZ-672, un autre véhicule de transport de passagers très répandu à la campagne. Photo : Võru, 1998.

152

153: Das Heck des PAZ-672 mit dem ovalen Fenster war ein alltäglicher Anblick auf den Straßen der Sowjetunion. Allerlei seltsame Farbkombinationen waren bei diesem Modell zu beobachten. Foto: Värska, 2004.
154: Obusverkehr gibt es in der Hauptstadt Tallinn seit 1965. Vom Typ Škoda 14Tr wurden zwischen 1982 und 1989 insgesamt 99 Wagen (Nr. 210 bis 308) beschafft. Danach kamen noch 25 Gelenkwagen Škoda 15Tr (Nr. 400 bis 424) hinzu. Die letzten Exemplare waren bis 2017 im Einsatz. Foto: 2005.
155: Ein echt estnisches Produkt: Kleinbus TA 6-1 aus den Tartuer Testwerkstätten, ab 1957 in geringer Stückzahl hergestellt. Foto: Värska, 1998.
156: Gelenk-Obus Škoda 15Tr, Baujahr 1990, im Einsatz bis 2015. Die Tallinner Fahrzeuge machten bis zuletzt einen sehr gepflegten Eindruck. Foto: 2014.

153

154

155

156

153: The PAZ-672 with the oval window in the back was a daily sight on the streets of the Soviet Union. This model could be seen in a whole range of colour combinations. Photo: Värska, 2004.
154: There is a trolleybus service operating in the capital Tallinn since 1965. A total of 99 units of the Škoda 14Tr (no. 210 to 308), built between 1982 and 1989, were provided. After that, 25 Škoda 15Tr (no. 400 to 424) articulated buses were added. The last units were in use until 2017. Photo: 2005.
155: A real Estonian product: minibus TA 6-1 from the Tartu trial factories, manufactured in a small series from 1957 onwards. Photo: Värska, 1998.
156: Articulated trolleybus Škoda 15Tr, built in 1990, in use until 2015. The Tallinn vehicles were in good shape at this time. Photo: 2014.

153 : L'arrière du PAZ-672 à lunette ovale était visible quotidiennement sur les routes de l'Union soviétique. Ce modèle présentait des combinaisons de couleurs plus variées les unes que les autres. Photo : Värska, 2004.
154 : Les trolleybus existent dans la capitale de Tallinn depuis 1965. Entre 1982 et 1989, la ville a acquis 99 exemplaires du type Škoda 14Tr (n° 210 à 308). À cela ont ensuite été ajoutés 25 véhicules articulés du type Škoda 15Tr (n° 400 à 424) Les derniers étaient en circulation jusqu'en 2017. Photo : 2005.
155 : Un véritable produit estonien : le minibus TA 6-1 des usines d'essai de Tartu, produit en petite série à partir de 1957. Photo : Värska, 1998.
156 : Trolleybus articulé Škoda 15Tr, produit en 1990, en service jusqu'en 2015. Les véhicules de Tallinn donnaient l'impression d'être très bien entretenus jusqu'à la fin. Photo : 2014.

157: Škoda 14Tr, im Einsatz von 1987 bis 2010, auf dem Tallinner Freiheitsplatz. Foto: 2004.
158: Seit Jahrzehnten verkehren in Tallinn die bekannten Tatra-Bahnen Typ KT4. Ab 1996 kamen über fünfzig gleichartige Wagen gebraucht aus diversen DDR-Betrieben hinzu. Foto: 2006.

157: Škoda 14Tr, in service from 1987 until 2010, here at the Tallinn Freedom Square. Photo: 2004.
158: The famous Tatra ram type KT4 is operated in Tallinn for decades. In 1996, more than fifty similar railcars from various GDR transport companies were added. Photo: 2006.

157 : Škoda 14Tr, en service de 1987 à 2010, sur la place de la Liberté de Tallinn. Photo : 2004.
158 : Les fameuses rames Tatra de type KT4 circulent à Tallinn depuis des décennies. À partir de 1996, cinquante modèles du même type ont été repris d'occasion à diverses sociétés de RDA. Photo : 2006.

157

158

159

159: Elektrische Vorortzüge mit sowjetischer Breitspur (RVR Riga) prägten bis 2013/14 das Bild des Tallinner Bahnhofs. Dann wurde auf einen Schlag die gesamte Flotte durch nagelneue Zugeinheiten ersetzt. Foto: 2011.
160: Zeitgleich wurden die alten Dieseltriebwagen (DR1B) auf dem Überlandnetz komplett ausgetauscht und teilweise nach Kasachstan abgegeben. Hier begegnen sich noch zwei Exemplare im modernisierten Bahnhof Tartu. Foto: 2012.

159: Electric suburban trains with Sowjet broad gauge (RVR Riga) marked the scenery at the Tallinn train station until 2013/14. Then the whole fleet was replaced at once with brand-new trains. Photo: 2011.
160: At the same time, the diesel trains (DR1B) on the long distance network were exchanged and partly sold to Kazakhstan. Here two units still meet in the modernised Tartu train station. Photo: 2012.

159 : Les trains de banlieue électriques à voie large soviétique (RVR Riga) ont marqué l'image de la gare de Tallinn jusqu'en 2013/14. L'ensemble du parc a ensuite été remplacé par des trains flambant neufs. Photo : 2011.
160 : Parallèlement, les anciennes locomotives diesel (DR1B) du réseau régional ont toutes été remplacées et partiellement transférées au Kazakhstan. Ici, deux exemplaires se croisent encore dans la gare modernisée de Tartu. Photo : 2012.

160

161

161: Grenzbahnhof Narva mit Lokomotiven russischer Bauart. Wahre Exoten sind die drei gleichartigen Rangierloks: Sie sind von General Electric. 2003 wurden insgesamt 77 Exemplare der Typen C36 (Nr. 1500-1557) und C30 (Nr. 1558-1576) gebraucht aus den USA importiert. Foto: 2007.
162: Zwei Dieseltriebwagen DR1B noch im Anstrich der EVR (heute Elron) auf dem Bahnhof Võru. Seit 2001 verkehren hier nur noch Güterzüge. Foto: 1998.

161: Border train station in Narva with locomotives made in Russia. Truly exotic are the three shunters: They are made by General Electric. In 2003, 77 used units of the types C36 (no. 1500-1557) and C30 (no. 1558-1576) were imported from the USA. Photo: 2007
162: Two DR1B diesel railcars, with the EVR livery (Elron nowadays) at the Võru train station. Since 2001, only freight trains pass through. Photo: 1998.

161 : Gare frontalière de Narva avec des locomotives de type russe. Les trois locomotives de manœuvre similaires sont des modèles vraiment exotiques : elles ont été produites par General Electric. En 2003, 77 exemplaires des types C36 (n° 1500-1557) et C30 (n° 1558-1576) ont été importés d'occasion depuis les États-Unis. Photo : 2007.
162 : Deux locomotives diesel DR1B encore aux couleurs de l'EVR (aujourd'hui Elron) à la gare de Võru. Depuis 2001, elle n'accueille plus que les trains de marchandise. Photo : 1998.

162

1

LETTLAND
LATVIA
LA LETTONIE

Alle Wege führen nach Riga
All roads lead to Riga
Tous les chemins mènent à Riga

2

3

Die Musik spielt in Riga, ganz eindeutig. Die größte Stadt im Baltikum hat eine zentrale Lage. In der lettischen Provinz ist die Zeit stehengeblieben. Nostalgisch anmutende Szenerien, aber auch pure Tristesse. Fortsetzung der einsamen Ostseestrände, hier jedoch keine Inseln. Hoher Anteil von Russen, deren Sprache auch im Alltag präsent ist. Russische Fahrzeuge sind gleichwohl aus dem Straßenbild verschwunden, auch neuere Modelle haben auf dem Markt kaum Chancen. Der Blick ist nach Westen gerichtet.

The music definitely plays in Riga. The largest town in the Baltic area situated in the centre of the region. Time seems to have stopped in the Latvian province. Nostalgic-like sceneries but also real melancholy. The deserted Baltic beaches continue here, but without any islands in sight. Many Russians whose language is present in everyday life. However, the old Russian vehicles have disappeared from the streets; even the more modern models hardly have a chance on the market. The eyes are definitely drawn to the West.

Riga est la plus grande ville des pays baltes, et son emplacement central en fait aussi une des villes les plus dynamiques. Dans la province lettone, le temps s'est arrêté. Les décors s'y contemplent avec nostalgie, mais aussi avec beaucoup de mélancholie. La Lettonie se situe dans le prolongement des plages isolées de la mer Baltique, mais ne compte aucune île. Les Russes y sont nombreux, et leur langue s'entend à tous les coins de rue. Les véhicules russes ont toutefois disparu du paysage routier, même les modèles récents n'ont aucune chance sur ce marché. Tous les regards sont tournés vers l'Ouest.

1: Lettisches Autokennzeichen; 2004 wurde links der blaue EU-Streifen ergänzt.
2: Lutherische Kirche in Talsi. Foto: 2012.
3: Die lettische Währung Lats vor Einführung des Euro am 1. Januar 2014.
4: Straßenszene in Riga. Foto: 1999.

1: A Latvian number plate; the blue EU sticker on the left was added in 2004.
2: A Lutheran church in Talsi. Photo: 2012.
3: The Latvian currency lats before the launch of the euro on January 1st 2014.
4: Street life in Riga. Photo: 1999.

1 : Plaque d'immatriculation lettone ; la bande bleue de l'Union européenne à gauche a été ajoutée en 2004.
2 : Église luthérienne à Talsi. Photo : 2012.
3 : La devise lettone, le lat, avant l'arrivée de l'euro le 1er janvier 2014.
4 : Scène de rue à Riga. Photo : 1999.

Sporta stils
SONY
NOKIA
BC - 67

5: Eiskiosk an der Hafenpromenade von Ventspils. Foto: 2012.
6: Reisebus LAZ-699R; gesamte Modellreihe gebaut 1964 bis 2002. Es handelt sich um die verlängerte Version des LAZ-695. Da das Fahrzeug hier im Linienverkehr eingesetzt ist, sind die handbetätigten Türen sicher sehr unpraktisch. Foto: Cēsis, 2004.
7: Lada 2103, abgestellt in einem Hinterhof. Foto: Kuldiga, 2012.
8: Gelbes Auto vor gelber Wand; Moskvič 2138. Foto: Talsi, 2000.

5: Ice cream parlour at the harbour esplanade in Ventspils. Photo: 2012.
6: A LAZ-699R travel coach; the entire series was built from 1964 to 2002. It is the extended version of the LAZ-695. Because the vehicle is operated in the regular transport service, the manually operated doors certainly are quite impractical. Photo: Cēsis, 2004.
7: A Lada 2103 parked in a backyard. Photo: Kuldiga, 2012.
8: A yellow car in front of a yellow wall: a Moskvič 2138. Photo: Talsi, 2000.

5 : Le stand d'un glacier sur la promenade du port de Ventspils. Photo : 2012.
6 : Un autocar LAZ-699R ; une série de modèles produite de 1964 à 2002. Il s'agit de la version rallongée du LAZ-695. Les portières actionnées manuellement sont certainement peu pratiques sur ce véhicule utilisé sur une ligne de transport régulière. Photo : Cēsis, 2004. ▶

5

6

7

8

▶
7 : Une Lada 2103, garée dans une arrière-cour. Photo : Kuldiga, 2012.
8 : Voiture jaune, mur jaune ; une Moskvič 2138. Photo : Talsi, 2000.

9

10

9: Idyllische Seen mit Badeplatz findet man im Baltikum hundertfach. Hier der einsame Gulbju-See westlich von Talsi. Foto: 2012.
10: Der schmucklose Lada versteckt sich hinter den bunten Blumen.
Foto: bei Valmiera, 2012.

9: There are hundreds of idyllic lakes with bathing areas in the Baltic region. Here pictured is the secluded Gulbju lake situated west of Talsi.
Photo: 2002.
10: The plain Lada is hiding behind multicoloured flowers.
Photo: near Valmiera, 2012.

9 : Dans les pays baltes, les lacs de baignades idylliques se trouvent par centaines. Ici le lac Gulbju, isolé à l'ouest de Talsi. Photo : 2012.
10 : L'austère Lada se cache derrière des fleurs colorées.
Photo : près de Valmiera, 2012.

11

11, 12: Der Žiguli 2101 erstrahlt in neuem Glanz. Foto: Ventspils, 2012.
13: Die Sowjet-Ära wirkte 1999 noch nach; Lastwagen von GAZ und ZIL warten unweit der Rigaer Markthallen.
14: ZAZ-965A vor dem Theater. Die dekorativen Säulen sind ganz sicher nicht aus Marmor. Foto: Valka, 1998.
15: Ein ZIL-130 als Werkstattwagen der Rigaer Straßenbahn verlässt den Betriebshof. Foto: 1999.

11, 12: The Žiguli 2101 shines with new splendour. Photo: Ventspils, 2012.
13: In 1999 the Soviet era still has a lasting influence; GAZ and ZIL trucks waiting near the market halls in Riga.
14: A ZAZ-965A in front of the theatre. The ornamental pillars are certainly not real marble. Photo: Valka, 1998.
15: A ZIL-130 leaves the workshop, operating as a service truck for the Rigan tramways. Photo: 1999.

12

13

14

15

11, 12 : La Žiguli 2101 resplendit d'un nouvel éclat. Photo : Ventspils, 2012.
13 : L'influence soviétique se fait toujours ressentir en 1999 ; des camions GAZ et ZIL attendent à proximité des halles du marché de Riga.
14 : Une ZAZ-965A devant le théâtre. Une chose est sûre, les colonnes décoratives ne sont pas en marbre. Photo : Valka, 1998.
15 : Un ZIL-130 de maintenance au service de la société du tramway de Riga quitte le dépôt. Photo : 1999.

16

17

16: UAZ-452 als Krankenwagen der Stadt Tukums. Foto: Riga, 1999.
17: Noch ein Werkstattwagen: MAZ-500, gebaut 1965 bis 1977 in der Weißrussischen SSR. Erstmals im Ostblock wurde hier eine kippbare Fahrerkabine realisiert. Foto: Riga, 1999.
18: ZIL-130; Wagenpflege bei der Feuerwehr. Foto: Kandava, 2012.
19: Zwei Obusse Škoda 9Tr aneinandergekuppelt. Solche Doppeltraktionen fuhren nur in der UdSSR. Von rund 750 solcher Obuszüge verkehrten allein 103 in Riga. Erst 2001 war Schluss. Foto: 1999.

16: An UAZ-452 ambulance van in the service of the city of Turkums. Photo: Riga, 1999.
17: Another service truck: A MAZ-500, built from 1965 to 1977 in the Byelorussian SSR, for the first time in the Eastern Bloc with a tiltable driver cabin. Photo: Riga, 1999.
18: A ZIL-130; maintenance at the fire department. Photo: Kandava, 2012.
19: Two Škoda 9Tr trolleybuses linked together. These double tractions were only used in the USSR. From about 750 of these trolleybus double tractions, 103 operated in Riga up until 2001. Photo: 1999.

18

16 : Une ambulance UAZ-452 de la ville de Tukums. Photo : Riga, 1999.
17 : Un autre véhicule de maintenance, un MAZ-500, construit de 1965 à 1977 dans la République soviétique de Biélorussie. Ce modèle est le premier du bloc de l'Est à être équipé d'une cabine basculante. Photo : Riga, 1999.
18 : ZIL-130 ; entretien à la caserne de pompiers. Photo : Kandava, 2012.
19 : Deux trolleybus Škoda 9Tr attelés l'un à l'autre. Ce genre de doubles attelages n'était visible qu'en URSS. Des 750 attelages de trolleybus produits, pas moins de 103 circulaient à Riga. Cette pratique n'a pris fin qu'en 2001. Photo : 1999.

19

1

LITAUEN
LITHUANIA
LA LITUANIE

Entlang der Memel bis zur Kurischen Nehrung
Along the Neman up to the Curonian Spit
Le long du Niémen jusqu'à l'isthme de Courlande

2

3

Das größte und südlichste Land des Baltikums. Bindeglied zwischen Mittel- und Nordeuropa. Korridor zur russischen Exklave Kaliningrad. Die gut bewachte Grenze begleitet weithin den Unterlauf der Memel und teilt auch das Naturparadies Kurische Nehrung. Die Hauptstadt Vilnius liegt im Abseits nahe der weißrussischen Grenze. Kaunas gewinnt im Verkehrsnetz an Bedeutung. Die katholische Kirche prägt Menschen und Alltag. Auch in Litauen haben sowjetische Fahrzeuge inzwischen ausgedient. Straßenbahnen gibt es nicht.

It is the biggest country situated in the far South of the Baltic region. A link between Central and Northern Europe and a corridor to the Russian exclave of Kaliningrad. The well guarded border accompanies the lower course of the Neman River and also splits the natural paradise of the Curonian Spit. The capital city of Vilnius is situated more secluded near the Belarusian border. The importance of Kaunas in the transport system is growing. The Catholic Church is strongly present for the citizens and in daily life. Also in Lithuania, Soviet vehicles have now retired. Tramways do not exist.

Le plus grand et le plus austral des pays baltes. Un lien entre l'Europe centrale et l'Europe du Nord. Un corridor vers l'exclave russe de Kaliningrad. La frontière bien surveillée longe en grande partie le cours inférieur du Niémen et divise le paradis naturel de l'isthme de Courlande. La capitale Vilnius se trouve à l'écart, près de la frontière biélorusse. Kaunas gagne en importance au sein du réseau des transports. L'église catholique, omniprésente, marque les gens et le quotidien. En Lituanie aussi, les véhicules soviétiques ont fait leur temps. Les tramways sont absents du paysage urbain.

1: Litauisches Autokennzeichen, ausgegeben ab 2004.
2: Detail der Holzkirche von Plateliai im Nationalpark Žemaitija. Foto: 2010.
3: Warnschild an einer Allee: „Kollision mit Bäumen". Die Zahl der Verkehrstoten ist in Litauen recht hoch.
4: Obus des Typs Škoda 14Tr in der Innenstadt von Kaunas. Foto: 2009.

1: Lithuanian number plate, distributed from 2004 onwards.
2: Details of the wooden church of Plateliai situated in the Žemaitija national park. Photo: 2010.
3: Warning sign next to an avenue: "Danger, tree collision". The number of road deaths in Lithuania is quite high.
4: A trolleybus type Škoda 14Tr in the city centre of Kaunas. Photo: 2009.

1 : Plaque d'immatriculation lituanienne, délivrée à partir de 2004.
2 : Détail de l'église en bois de Plateliai dans le parc national de Žemaitija. Photo : 2010.
3 : Panneau d'avertissement dans une allée : « Risque de collision avec les arbres ». Le nombre de morts sur les routes est assez élevé en Lituanie.
4 : Trolleybus de type Škoda 14Tr dans le centre-ville de Kaunas. Photo : 2009.

4

5: Lada 2101 mit Anhänger zur Materialbesorgung. Das lässt Erinnerungen an sozialistische Mangelwirtschaft wach werden. Foto: Vilnius, 1997.
6: Bereit zum Sprint: ZAZ-968M und Lada 2101 an der Ampel. Foto: Vilnius, 1997.
7: Die neue Zeit hat Einzug gehalten: UAZ-452 der Polizei, umgeben von importierten Gebrauchtwagen und vor markanter Reklame aus dem Westen. Foto: Vilnius, 1997.

5: Lada 2101 with a trailer for material supplies. This brings back memories of the socialist economy of scarcity. Photo: Vilnius, 1997.
6: Ready to race: A ZAZ-968M and a Lada 2101 at the traffic lights. Photo: Vilnius, 1997.
7: Modern times have arrived: An UAZ-452 from the police is surrounded by imported second-hand cars; in the background a striking Western publicity sign. Photo: Vilnius, 1997.

5 : Une Lada 2101 transporte du matériel dans une remorque. Une scène qui n'est pas sans rappeler les périodes de pénurie de l'époque soviétique. Photo : Vilnius, 1997.
6 : Prêtes pour la course : une ZAZ-968M et une Lada 2101 au feu rouge. Photo : Vilnius, 1997.
7 : Le début d'une nouvelle ère : un UAZ-452 de la police entouré de véhicules importés devant une grande affiche publicitaire de l'Ouest. Photo : Vilnius, 1997.

5

6

7

8

9

8: Hauptstadt Vilnius: Kathedrale und separater Glockenturm. Foto: 2009.
9: Moskvič 408 der litauischen Polizei; Ersatz war bereits damals überfällig. Foto: Vilnius, 1997.
10: Gepflegter Lada 2101. Foto: Klaipeda, 2010.
11: Klobiges Sowjet-Design: ASČ-03, Baujahr ca. 1983/84; eine Kleinserie aus dem Werk für Spezialfahrzeuge im ukrainischen Černihiv. Foto: Klaipeda, 2010.

8: The capital city Vilnius: The cathedral and separate bell tower. Photo: 2009.
9: A Moskvič 408 of the Lithuanian police; even at that time, replacement was long overdue. Photo: Vilnius, 1997.
10: A well-maintained Lada 2101. Photo: Klaipeda, 2010.
11: Bulky Soviet design: An ASČ-03, construction year approx. 1983/84; a small series from the Ukrainian special vehicle factory of Černihiv. Photo: Klaipeda, 2010.

10

8 : Dans la capitale Vilnius : la cathédrale à clocher séparé. Photo : 2009.
9 : Une Moskvič 408 de la police lituanienne, déjà bien obsolète à l'époque. Photo : Vilnius, 1997.
10 : Une Lada 2101 bien entretenue. Photo : Klaipeda, 2010.
11 : Design soviétique : ASČ-03, produit vers 1983/84 ; une petite série issue de l'usine de véhicules spéciaux de Černihiv en Ukraine. Photo : Klaipeda, 2010.

11

12

12: Originelles Bahnwärterhaus bei Mažeikiai. Foto: 2009.
13: ZIL-130 als Wasserwagen. In sowjetischen Städten fuhren im Sommer Sprinklerwagen durch die Straßen, um Staub zu binden. Foto: Kaunas, 2010.
14: KAvZ-3270; Fahrgestell und Vorderteil entsprechen dem Lastwagen GAZ-53. Foto: Vilnius, 1997.
15: Der PAZ-672 bietet immerhin Falttüren und Dachrandverglasung. Foto: Vilnius, 1997.
16: Škoda 9Tr, gebaut von 1958 bis 1981. Der Obus-Typ fand mit nahezu 7400 Exemplaren eine besonders große Verbreitung. Allein hier in Vilnius waren 295 im Einsatz. Foto: 1997.

13

14

15

12: An original gatekeeper's lodge near Mažeikiai. Photo: 2009.
13: A ZIL-130 water truck. In the summer, these sprinkler trucks were binding the dust on the streets of Soviet cities. Photo: Kaunas, 2010.
14: KAvZ-3270; the chassis and the front comply with the GAZ-53 truck. Photo: Vilnius, 1997.
15: The PAZ-672 bus at least is equipped with folding doors and rooftop glazing. Photo: Vilnius, 1997.
16: The Škoda 9Tr, built from 1958 to 1981. This trolleybus type was particularly wide-spread with nearly 7400 in service, and 295 operating in Vilnius alone. Photo: 1997.

12 : Une maison de garde-barrière pour le moins originale près de Mažeikiai. Photo : 2009.
13 : Un camion citerne ZIL-130. Dans les villes soviétiques, des camions vaporisaient les rues de la ville pour lier la poussière. Photo : Kaunas, 2010.
14 : KAvZ-3270 ; le châssis et la partie avant correspondent au camion GAZ-53. Photo : Vilnius, 1997.
15 : Le PAZ-672 offrait tout de même des portes pliantes et des vitres de toit. Photo : Vilnius, 1997.
16 : Škoda 9Tr, produit de 1958 à 1981. Ce modèle de trolleybus était particulièrement répandu, avec une production s'élevant à près de 7400 exemplaires. La ville de Vilnius en comptait pas moins de 295. Photo : 1997.

16

17

18

19

20

17: ZIL-133 mit Kranaufbau Typ KS-3575A im Hafen von Klaipeda. Foto: 2010.
18: Škoda 14Tr, gebaut 1982 bis 1998. Im Gegensatz zu anderen Staaten Osteuropas müssen in Litauen auch Obusse ein Nummernschild haben (seit 2006). Diese Regelung galt zuvor nur in Polen. Foto: Vilnius, 2009.
19: Einfaches Esslokal in Nida, 2009.
20: Kuban G1A, gebaut etwa 1968; windschnittig wie ein Kleiderschrank! Foto: Vilnius, 1997.

17: A ZIL-133 with a crane superstructure type KS-3575A at the Klaipeda harbour. Photo: 2010.
18: A Škoda 14Tr, built from 1982 to 1998. In contrast to other Eastern European states, trolleybuses in Lithuania are required to have a number plate (since 2006). This regulation was previously applied only in Poland. Photo: Vilnius, 2009.
19: A simple restaurant in Nida 2009.
20: A Kuban G1A, built approx. in 1968; streamlined like a wardrobe! Photo: Vilnius, 1997.

17 : Un ZIL-133 à grue de type KS-3575A dans le port de Klaipeda. Photo : 2010.
18 : Škoda 14Tr, produit de 1982 à 1998. Contrairement à d'autres États d'Europe de l'Est, les trolleybus lituaniens doivent présenter une plaque d'immatriculation (depuis 2006). Auparavant, cette réglementation n'était en vigueur qu'en Pologne. Photo : Vilnius, 2009.
19 : Bistro rudimentaire à Nida, en 2009.
20 : Un Kuban G1A, produit vers 1968 ; affûté comme une armoire ! Photo : Vilnius, 1997.

21

21: Zwei Obusse vom Typ Škoda 14Tr vor dem Bahnhof in Vilnius. Der rechte Wagen trägt bereits West-Werbung. Foto: 1997.
22: Elektrischer Vorortzug der Rigaer Waggonfabrik (RVR), Typ ER2, Baujahr 1973. Die markante Frontgestaltung wurde im Folgejahr durch ein eckiges Design abgelöst. Züge dieser Bauart waren überall in der Sowjetunion im Einsatz, von Kaliningrad bis Sibirien. Foto: Nähe lettische Grenze, 2000.

21: Two trolleybuses type Škoda 14Tr in front of the Vilnius train station. The bus on the right already carries Western advertising. Photo: 1997.
22: An electric regional train Type ER2 built in 1973 in Riga's railcar factory (RVR). The year after, the round front design was replaced by a more square design. This train type was operating all over the Soviet Union, from Kaliningrad to Siberia. Photo: Near the Latvian border, 2000.

21 : Deux trolleybus Škoda 14Tr devant la gare de Vilnius. Celui de droite porte déjà des publicités occidentales. Photo : 1997.
22 : Train de banlieue électrique de la fabrique rigoise de wagons (RVR), type ER2, année 1973. Le dessin marquant de la face avant a été remplacé l'année suivante par un design plus carré. Les trains de ce type étaient utilisés sur tout le territoire de l'Union soviétique, de Kaliningrad jusqu'en Sibérie. Photo : près de la frontière lettone, 2000.

22

23

23: Hauptbahnhof Vilnius. Die sowjetischen Waggons tragen längst das Emblem der litauischen LG. Zwischen den Gleisen steht ein ZIL-130. Foto: 1997.
24: Bahnhof Kaunas: Von der neueren Vorortzug-Version ER9M verblieben nach dem Zerfall der Sowjetunion zahlreiche Einheiten in Litauen. Der rechte Zug trägt bereits das neue Farbkleid der Litauischen Eisenbahnen LG. Foto: 1997.

23: The central train station in Vilnius. The Soviet rail wagons already bear the symbol of the Latvian LG. A ZIL-130 truck is parked between the rails. Photo: 1997.
24: Kaunas train station: A certain number of the more recent ER9M version remained in Lithuania after the dissolution of the Soviet Union. The train on the right already displays the livery of the Lithuanian railway company LG. Photo : 1997.

23 : Gare centrale de Vilnius : les wagons soviétiques portent depuis longtemps l'emblème de la LG lituanienne. Entre les rails, un ZIL-130. Photo : 1997.
24 : Gare de Kaunas : après la chute de l'Union soviétique, un grand nombre de la version plus moderne des trains de banlieue (ER9M) est restée en Lituanie. Le train à droite porte déjà les couleurs de la société ferroviaire lituanienne LG. Photo : 1997.

24

1

DDR • EX-DDR
GDR • EX-GDR
RDA • EX-RDA

Deutschlands Osten zur Zeit der „Wende"
Germany's East during the reunification period
L'Est de l'Allemagne pendant la réunification

2

3

Zwei deutsche Staaten bis 1990. Die DDR begründete ihre Existenz durch eine dogmatische Abgrenzung gegenüber dem Westen. Die extrem enge Verflechtung mit der Plan- bzw. Mangelwirtschaft der Ostblockstaaten mündete in den 1980er Jahren in einen völligen Niedergang. Eine auf Vorkriegstechnik basierende eigene Auto-Produktion bescherte der DDR ein farbloses und fast typenreines Straßenbild: überall Trabant und Wartburg, dazu Ost-Importe wie Lada, Moskvič oder Škoda. Mit der Wiedervereinigung wurden sie zügig durch westliche Fabrikate ersetzt.

1: Nummernschild der DDR; der erste Buchstabe steht für den Bezirk (hier F für Erfurt).
2: Multicar M25 – ein Exportschlager der DDR. Die Spezialfahrzeuge aus dem Fahrzeugwerk Waltershausen sind in modernisierter Form bis heute lieferbar. Foto: Quedlinburg, 2015.
3: Ein sehr typisches Fahrzeug der DDR war auch der Robur LD3000.
4: DDR-Ambiente pur, aber am Trabant prangt längst ein gesamtdeutsches Nummernschild. Foto: Halle, 1993.

Two German states until 1990. The GDR founded its existence on a dogmatic separation from the West. The extremely close interdependency with the planned economy or rather the economy of scarcity of the Eastern Bloc states, resulted in the 1980s in a complete decline. Their own car production based on pre-war technology gave the streets of GDR a colourless and an almost uniform image: everywhere only Trabant and Wartburg cars in addition to East imports such as Lada, Moskvič or Škoda. They were quickly replaced by Western models after the German reunification.

1: A GDR number plate; the first letter indicates the area (here F for Erfurt)
2: Multicar M25 – a leading export product of the GDR. This special production from the vehicle factory of Waltershausen is still available today in a modernized version. Photo: Quedlinburg, 2015.
3: The Robur LD3000 was another typical vehicle in the GDR.
4: A genuine GDR atmosphere, but the number plate on the Trabant is already an all-German model. Photo: Halle, 1993.

Deux États allemands jusqu'en 1990. La RDA justifie son existence par une séparation dogmatique de l'Ouest. L'économie planifiée et de pénurie pratiquée systématiquement dans les États du bloc de l'Est entraîne son déclin total dans les années 1980. Avec une technique de production automobile d'avant-guerre, les routes de la RDA étaient empruntées par un parc automobile des plus monotones : des Trabant et des Warburg à tous les coins de rue, et quelques importations de l'Est comme Lada, Moskvič ou Škoda. Après la réunification, ces voitures ont rapidement été remplacées par des modèles de l'Ouest.

1 : Plaque d'immatriculation de RDA ; la première lettre correspond à la circonscription (ici F pour Erfurt).
2 : Multicar M25 – un important produit d'exportation de RDA. Les véhicules spéciaux des usines automobiles de Waltershausen sont encore disponibles aujourd'hui sous une forme modernisée. Photo : Quedlinbourg, 2015.
3 : Le Robur LD3000 était un autre véhicule typique de RDA.
4 : Pure ambiance RDA. La Trabant porte déjà une plaque de l'Allemagne réunifiée. Photo : Halle, 1993.

4

5

5: Am Ufer der Elbe parken die gängigen Ostblock-Autos: Wartburg, Lada, Trabant, Moskvič, Škoda. Foto: Pirna, 1974.
6: Eine Siedlung am Stadtrand: Kurz nach der Wende ist noch alles beim Alten. Ganz besonders fehlt es an Farbe. Foto: Halle, 1993.

5: A few common Eastern Bloc cars are parked on the edge of the Elbe River: Wartburg, Lada, Trabant, Moskvič, Škoda. Photo: Pirna, 1974.
6: Residential area on the city outskirts: Just after the reunification, nothing has changed, especially colours are missing. Photo: Halle, 1993.

5 : Les voitures les plus courantes du bloc de l'Est garées au bord de l'Elbe : Wartburg, Lada, Trabant, Moskvič, Škoda. Photo : Pirna, 1974.
6 : Un lotissement en bord de ville : les choses n'ont pas beaucoup changé peu de temps après la chute du mur. Les couleurs brillent par leur absence. Photo : Halle, 1993.

6

7

8

7: Hier nun eine überraschend bunte Vielfalt der immer gleichen Automodelle. Und ausgerechnet der Opel aus dem Westen (rechts) kommt so blass daher. Foto: Weimar, 1990.
8: Teile der Altstadt von Halle befanden sich 1987 in einem desolaten Zustand. Der Abriss dieser Gebäude stand womöglich kurz bevor. Zweimal Škoda, viermal Trabant vor einem rostigen Bauwagen. Foto: 1987.

7: Here now a surprisingly multi-coloured variety of the always equal models and of all things it is the Opel model from the West (on the right) that seems pale. Photo: Weimar, 1990.
8: In 1989, some parts of Halle's historical city centre were in deplorable condition. The demolition of these buildings was most probably expected sooner or later. Two Škodas and four Trabants in front of a rusty construction trailer. Photo: 1987.

7 : Une diversité de couleur étonnante pour les mêmes modèles de voitures. Et cette fois c'est bien l'Opel, provenant de l'Ouest (à droite), qui paraît particulièrement fade. Photo : Weimar, 1990.
8 : En 1987, certaines parties du centre historique étaient dans un état de désolation. Ces bâtiments étaient probablement sur le point d'être démolis. Deux Škoda, quatre Trabant devant une cabane de chantier rouillée. Photo : 1987.

9

10

11

12

9: Zwei Wartburg-Autos vor den Mauern der Wartburg. Foto: Eisenach, 1991.
10: Eine Seitenstraße in Eisenach: Škoda Octavia der 1960er Jahre und Trabant 601. Foto: 1991.
11: Auf der Spree-Brücke in Bautzen. Auf dem Wegweiser sind die Ortsnamen korrekterweise auch auf Sorbisch angegeben. Foto: 1991.
12: Marode Fachwerkhäuser in Quedlinburg. Moskvič und Škoda sind eine Nuance bunter. Foto: 1991.

9: Two Wartburg cars in front of the walls of the historic Wartburg castle. Photo: Eisenach, 1991.
10: Parked in a side road in Eisenach: A Škoda Octavia of the 1960s and a Trabant 601. Photo: 1991.
11: On the bridge over the Spree in Bautzen. The destination names are also correctly indicated in Sorbian. Photo: 1991.
12: Decrepit timber-framed houses in Quedlinburg. A Moskvič and a Škoda are slightly more coloured. Photo: 1991.

9 : Deux voitures de la marque Wartburg devant les murs du château fort de la Wartbourg. Photo : Eisenach, 1991.
10 : Une ruelle à Eisenach : Škoda Octavia des années 1960 et Trabant 601. Photo : 1991.
11 : Sur le pont de la Spree à Bautzen. À juste titre, le panneau porte aussi les noms des villes en sorabe. Photo : 1991.
12 : Des maisons à colombages vétustes à Quedlinbourg. La Moskvič et la Škoda sont un peu plus colorées. Photo : 1991.

13

13: Erste Restaurierungsmaßnahmen in Erfurt – und noch an jeder Ecke ein Trabant. Foto: 1990.
14: Heckansicht eines Trabant 601S Kombi. Foto: Erfurt, 1990.
15: Plötzlich nicht mehr heißbegehrt: fabrikneue Wartburg 1.3, bereits mit Viertaktmotor von VW. Man bevorzugt jetzt westliche Gebrauchtwagen. Foto: Eisenach, 1991.

13: The first renovation measures taken in Erfurt – and Trabants still everywhere. Photo: 1990.
14: The rear view of a Trabant 601S estate. Photo: Erfurt, 1990.
15: Suddenly not desired anymore: the brand new Wartburg 1.3, already with a four-stroke engine from VW. Western second-hand cars are now preferred. Photo: Eisenach, 1991.

15

14

13 : Premières mesures de restauration à Erfurt, à une époque où l'on croisait une Trabant à tous les coins de rue. Photo : 1990.
14 : Arrière d'une Trabant 601S break. Photo : Erfurt, 1990.
15 : Très impopulaire du jour au lendemain : des Wartburg 1.3 sorties d'usine, équipées de moteurs quatre-temps VW. Dorénavant, on préfère les modèles occidentaux d'occasion. Photo : Eisenach, 1991.

16

16, 17: In der DDR einst sehr verbreitet: Škoda S100 in der 1972 bis 1976 gebauten Version. Foto: Leipzig, 2014.
18: Zwischen die Ostblock-Autos hat sich ein elegantes Borgward-Coupé eingereiht. Foto: Ost-Berlin, 1991.
19: Trabant vor orientalischer Kulisse. Foto: Potsdam, 1991.
20: Tatra 603 in der neueren Version (vier statt drei Frontlampen), gebaut 1963 bis 1975. Im Heck der tschechoslowakischen Nobelkarosse arbeitete ein luftgekühlter V8-Motor mit 105 PS, der eine Höchstgeschwindigkeit von 170 km/h ermöglichte. Die Fabrikation erfolgte weitgehend in Handarbeit. Foto: Eisenach, 1991.
21: Historische Briefmarke: Öffnung der DDR-Grenzen im Jahr 1989.

17

18

19

20

16, 17: Once quite common in the GDR: Škoda S100 in the version manufactured from 1972 to 1976. Photo: Leipzig, 2014.
18: An elegant Borgward Coupé is parked in between cars from the Eastern Bloc. Photo: East Berlin, 1991.
19: A Trabant in front of an oriental scenery. Photo: Potsdam, 1991.
20: A Tatra 603 in a more recent version (four headlights instead of three), built from 1963 to 1975. A 150 hp strong, air-cooled V8-engine in the rear allowed this Czechoslovakian luxury car to reach a maximum speed of 170 km/h. To a large extent, it was manufactured manually. Photo: Eisenach, 1991.
21: A historical stamp: The opening of the GDR borders in 1989.

16, 17 : Très répandue en RDA : Škoda S100 dans sa version construite de 1972 à 1976. Photo : Leipzig, 2014.
18 : Un élégant coupé Borgward s'est glissé entre les voitures du bloc de l'Est. Photo : Berlin-Est, 1991.
19 : Trabant devant un décor oriental. Photo : Potsdam, 1991.
20 : Tatra 603 dans sa version plus récente (quatre phares au lieu de trois), construite de 1963 à 1975. Un moteur V8 arrière refroidi par air de 105 ch propulsait cette auto de luxe tchécoslovaque à une vitesse maximale de 170 km/h. Elle était assemblée en grande partie à la main. Photo : Eisenach, 1991.
21 : Timbre historique : ouverture des frontières de la RDA en 1989.

21

22

23

24

25

22: Auf dem platten Land: Trabant 601 neben einem Dorfladen im Oderbruch. Foto: 1991.
23: Zweimal Wartburg 311, gebaut 1955 bis 1965. Foto: Bautzen, 1991.
24: Autostadt Eisenach: Wartburg 353 Tourist (Kombi) vor Hinweistafel. Foto: 1991.
25: DDR – ein graues Land! Wenigstens wurden ein paar Trabant bunt lackiert. Foto: Halle, 1991.

22: In the flat countryside: A Trabant 601 next to a village shop in the Oderbruch. Photo: 1991.
23: Two Wartburgs 311, built from 1955 to 1965. Photo: Bautzen, 1991.
24: Automobile city Eisenach: A Wartburg 353 Tourist (estate) passing an information board. Photo: 1991.
25: The GDR – a grey country! At least some Trabants got some colourful coatings. Photo: Halle, 1991.

22 : En pleine cambrousse : Trabant 601 à côté d'un magasin de village dans l'Oderbruch. Photo : 1991.
23 : Deux Wartburg 311, produites entre 1955 et 1965. Photo : Bautzen, 1991.
24 : Ville automobile d'Eisenach : Wartburg 353 Tourist (break) devant un panneau d'information. Photo : 1991.
25 : La RDA – un pays gris ! La couleur de ces Trabant était heureusement un peu plus gaie. Photo : Halle, 1991.

26: Der ZAZ-968 aus sowjetischer Produktion war in der DDR kurzfristig lieferbar, aber alles andere als beliebt. Foto: in Thüringen, 1990.
27, 29: Nach der Wende wollten Trabant-Besitzer ihre Autos schnell loswerden, nicht immer auf legale Weise. Fotos: Dresden, 2013; Gotha, 1991.
28: Für andere ist der Trabant ein Kult-Auto. Trotz hoher Abgaswerte kann man sich auf eine Sondergenehmigung berufen. Foto: Bautzen, 2013.
30: Kurioses Gefährt für Gehbehinderte: Simson Duo 4/1 in Originalfarbe, ab 1972 hergestellt im Fahrzeugwerk Brandis. Foto: Eisenach, 1991.

26: The Soviet produced ZAZ-968 was available in the GDR on short call but was by all means not popular. Photo: Thuringia, 1990.
27, 29: After the reunification, Trabant owners quickly wanted to get rid of their cars, not always in legal ways. Photos: Dresden, 2013; Gotha, 1991.
28: For others, the Trabant is a collector's car. Despite high emission levels, a special permission can be obtained. Photo: Bautzen, 2013.
30: A strange vehicle for people with walking impairment: a Simson Duo 4/1 in original colour, manufactured since 1972 in the Brandis car factory. Photo: Eisenach, 1991.

26

27

28

29

30

26 : La ZAZ-968 de production soviétique était rapidement livrable en RDA, mais elle était tout sauf populaire. Photo : en Thuringe, 1990.
27, 29 : Après la chute du Mur, les propriétaires de Trabant voulaient se débarrasser de leur voiture le plus rapidement possible, et pas toujours de façon légale. Photos : Dresde, 2013 ; Gotha, 1991.
28 : Pour d'autres, la Trabant est une voiture culte. Malgré ses émissions polluantes, il est possible d'obtenir une autorisation spéciale. Photo : Bautzen, 2013.
30 : Un étrange véhicule pour les personnes à mobilité réduite : Simson Duo 4/1 dans sa teinte d'origine, produit dans l'usine Brandis à partir de 1972. Photo : Eisenach, 1991.

31

32

33

34

31: Echtes DDR-Ambiente an einer Minol-Tankstelle. Die intensiv grüne Lackierung der beiden Trabant war in späteren Jahren tatsächlich ab Werk verfügbar. Foto: Gotha, 1991.
32: Trabant 601 Universal (Kombi), gebaut von 1965 bis 1990, hier noch im Originalzustand. Foto: Görlitz, 1991.
33: Wartburg 1.3 Tourist, als Kombi-Modell gebaut von 1989 bis 1991. An der moderneren Frontpartie erkennt man diese letzte Serie, die einen Viertaktmotor von VW besaß und nun mehr als 33 000 DDR-Mark kostete. Foto: Eisenach, 1991.
34: Trabant 601 in der gängigen Stufenheck-Version, gebaut 1964 bis 1990. Foto: Bautzen, 1991.

31: Genuine GDR atmosphere at a Minol petrol station. The intense green coating of the two Trabant cars was actually available on demand in the last years of production. Photo: Gotha, 1991.
32: A Trabant 601 Universal (estate), built from 1965 to 1990, here in original condition. Photo: Görlitz, 1991.
33: Wartburg 1.3 Tourist, built as an estate model from 1989 to 1991. This last production series is clearly recognizable by the modern front and was equipped with a four-stroke VW engine. This car cost more than 33 000 East German marks. Photo: Eisenach, 1991.
34: A Trabant 601 in the common notchback version, built from 1964 to 1990. Photo: Bautzen, 1991.

31 : Ambiance RDA dans cette station-service Minol. La peinture vert pomme des deux Trabant était disponible à la commande pendant les dernières années de production. Photo : Gotha, 1991.
32 : Trabant 601 Universal (break), construite de 1965 à 1990, ici dans son état d'origine. Photo : Görlitz, 1991.
33 : Wartburg 1.3 Tourist, produite de 1989 à 1991 en version break. La partie frontale plus moderne indique qu'il s'agit de la dernière série, équipée d'un moteur quatre-temps VW et affichant alors un prix de plus de 33 000 marks est-allemands. Photo : Eisenach, 1991.
34 : Trabant 601 dans sa version tricorps plus courante, construite de 1964 à 1990. Photo : Bautzen, 1991.

35

35: Straßenszene mit Trabant kurz nach der Wiedervereinigung auf der Insel Rügen. Foto: 1991.
36: Typischer Verkehrsüberwachungsposten der „Volkspolizei". Foto: Halberstadt, 1991.
37: In einer Plattenbau-Siedlung wird für den lokalen Energieträger Braunkohle geworben. Umweltschutz konnte sich die DDR nicht leisten. Foto: Welzow, 1991.
38: Wartburg 311/3, die seltene Coupé-Version des renommierten und begehrten DDR-Autos. Bis 1965 wurden nur knapp 5500 Exemplare des eleganten Zweitürers hergestellt.

36

35 : Scène de rue avec une Trabant sur l'île de Rügen peu après la réunification. Photo : 1991.
36 : Un poste de contrôle routier typique de la « Volkspolizei », la « police du peuple ».
Photo : Halberstadt, 1991.
37 : Publicité pour la source d'énergie locale, le lignite, dans un lotissement de préfabriqués. La RDA ne pouvait pas se permettre de protéger l'environnement.
Photo : Welzow, 1991.
38 : Wartburg 311/3, la rare version coupé d'une des voitures de RDA les plus prisées. Jusqu'en 1965, cet élégant coupé n'a été produit qu'à 5500 exemplaires.

37

38

35: Street life with a Trabant on Rügen island just after the reunification. Photo: 1991.
36: A typical traffic control cabin of the "Volkspolizei" ("German People's Police"). Photo: Halberstadt, 1991.
37: A publicity sign for the local coal company BKW Welzow presented in front of typical GDR prefabricated apartment buildings. The GDR could not afford environmental protection. Photo: Welzow, 1991.
38: A Wartburg 311/3, rare coupé version of this famous and popular GDR car. Only approx. 5500 of this elegant two-door model were manufactured until 1965.

39: Recycling von Lkw-Fahrerkabinen des Typs IFA W50, gebaut 1965 bis 1990. Der bedeutendste Lkw aus DDR-Fertigung diente als Grundlage für zahllose Spezialaufbauten und wurde auch in zahlreiche Entwicklungsländer exportiert. Foto: Eisenach, 1991.
40: Ein restaurierter Robur LD3000 als Touristenattraktion. Foto: Görlitz, 2013.
41: Barkas B1000, gebaut von 1961 bis 1990. Der Lieferwagen bzw. Kleinbus mit Zweitaktmotor sollte das DDR-Pendant zum VW-Bus sein.

39

40

41

42

42: Leichte Lastwagen aus der DDR: oben IFA W50, unten Robur LD3000. Für schwere Lastwagen waren im Rahmen der sozialistischen Arbeitsteilung andere Staaten zuständig.
43, 44: Barkas B1000 mit verschiedenen Aufbauten, heute gepflegte Oldtimer. Fotos: Leipzig, 2015; Dresden, 2013.

39: The recycling of IFA W50 truck cabins, built from 1965 to 1990. The most important truck built in the GDR served as the basis for various superstructures and was exported to numerous Third World countries. Photo: Eisenach, 1991.
40: A restored Robur LD3000 used as a tourist bus. Photo: Görlitz, 2013.
41: Barkas B1000, built from 1961 to 1990. This delivery van or minibus equipped with a two-stroke engine was meant to be the equivalent of the Western VW bus.
42: Lightweight GDR trucks, above an IFA W50, below a Robur LD3000. In the framework of the socialist division of labour, other states were in charge of manufacturing heavy load trucks.
43, 44: Barkas B1000 with different superstructures as well-maintained classic cars. Photos: Leipzig, 2015; Dresden, 2013.

43

44

39 : Recyclage de cabines de camion de type IFA W50, construit de 1965 à 1990. Ce camion était le plus important de la production est-allemande. Il a servi de base pour une multitude de versions spéciales et a été exporté dans de nombreux pays en développement. Photo : Eisenach, 1991.
40 : Un Robur LD3000 restauré sert d'attraction touristique. Photo : Görlitz, 2013.
41 : Barkas B1000, construit de 1961 à 1990. Cet utilitaire à moteur deux-temps se voulait l'équivalent RDA du combi VW.
42 : Camions légers de RDA : en haut, un IFA W50, en bas un Robur LD3000. Dans le cadre de la division socialiste du travail, la production des poids-lourds était gérée par d'autres États.
43, 44 : Différentes versions du Barkas B1000, des véhicules de collection bien entretenus aujourd'hui. Photos : Leipzig, 2015 ; Dresde, 2013.

45: Die Altstädte waren vernachlässigt worden. So sahen am Ende viele Straßenzüge in der DDR aus. Gerade fährt ein uralter Robur Garant ins Bild. Foto: Görlitz, 1991.
46: Noch ein sehr alter DDR-Lastwagen, der bis zuletzt im Einsatz war: IFA S4000-1, gebaut 1958 bis 1967. Bereits ab 1951 gab es den äußerlich identischen IFA H3A. Foto: Stralsund, 1991.

45: The city centres had been neglected. This reflects the condition of many streets in the GDR. An ancient Robur Garant is just passing by. Photo: Görlitz, 1991.
46: Again a very old GDR truck, in service until the end: An IFA S4000-1, built from 1958 to 1967. Already in 1951, the externally identical IFA H3A was available. Photo: Stralsund, 1991.

45 : Les centres historiques ont longtemps été négligés, et de nombreuses rues de la RDA ressemblaient à celle de la photo. Un ancien Robur Garant passe juste à l'instant. Photo : Görlitz, 1991.
46 : Un autre camion de RDA très ancien, qui a servi jusqu'au bout : IFA S4000-1, construit de 1958 à 1967. L'IFA H3A d'aspect identique a été produit dès 1951. Photo : Stralsund, 1991.

45

46

47

48

49

50

47: Ein Prachtexemplar: Gelenkbus Jelcz 021, gebaut von 1967 bis 1979 als polnische Lizenzproduktion des Škoda 706RTO. Hier im Dienst des Verkehrsbetriebes Pirna. Wesentlich verbreiteter war die zweiachsige Normalversion. Foto: Pirna, 1974.
48: Gelenk-Obus Ikarus 280T, hergestellt in Ungarn; bereits mit westlicher Reklame. Foto: Weimar, 1990.
49, 50: Ikarus 66, gebaut 1955 bis 1973; hier als zweitürige Überlandbusse. Auffällig ist die aerodynamische Form, etwas kurios am Heck. Fotos: Pirna, 1974.

47: A splendid model: an articulated bus Jelcz 021, built from 1967 to 1979, a licence of the Škoda 706RTO. Here visible in service of the Pirna bus company. The normal two-axle model was more common. Photo: Pirna, 1974.
48: An articulated Ikarus 280T trolleybus manufactured in Hungary; already equipped with Western publicity. Photo: Weimar, 1990.
49, 50: Ikarus 66, built from 1955 to 1973; here shown as double-door intercity buses. Noticeable is the aerodynamic shape, a bit strange in the back. Photos: Pirna, 1974.

47 : Un splendide spécimen : bus articulé Jelcz 021, construit de 1967 à 1979 comme licence polonaise du Škoda 706RTO. Ici sous les couleurs de la société de transport de Pirna. La version normale à deux essieux était bien plus répandue. Photo : Pirna, 1974.
48 : Trolleybus articulé Ikarus 280T, produit en Hongrie ; la publicité occidentale y a déjà fait son apparition. Photo : Weimar, 1990.
49, 50 : Ikarus 66, construit de 1955 à 1973 ; ici en version car à deux portes. Sa forme aérodynamique est marquante, bien qu'un peu étrange à l'arrière. Photos : Pirna, 1974.

51: Gelenkbus Ikarus 180, gebaut 1966 bis 1973. Foto: Dresden, 1974.
52: Obus Ikarus 260T; insgesamt wurden nur zwei Exemplare gebaut. Foto: Weimar, 1990.
53: Ikarus 66 als dreitüriger Stadtbus. Foto: Pirna, 1974.
54: Ikarus 66 als Zweitürer. Foto: Eisenach, 1991.
55: Damals nagelneuer Ikarus 260. Foto: Pirna, 1974.

51: Trolleybus Ikarus 180, built from 1966 to 1973. Photo: Dresden, 1974.
52: Trolleybus Ikarus 260T; only two of this type were built. Photo: Weimar, 1990.
53: Ikarus 66 here in a triple-door city bus version. Photo: Pirna, 1974.
54: A double-door version of an Ikarus 66 . Photo: Eisenach, 1991.
55: At that time a brand-new Ikarus 260. Photo: Pirna, 1974.

51

52

53

51 : Bus articulé Ikarus 180, produit entre 1966 et 1973. Photo : Dresde, 1974.
52 : Trolleybus Ikarus 260T ; seuls deux exemplaires ont été produits. Photo : Weimar, 1990.
53 : Ikarus 66 en bus de ville à trois portes. Photo : Pirna, 1974.
54 : Ikarus 66 en version deux portes. Photo : Eisenach, 1991.
55 : Un Ikarus 260, flambant neuf à l'époque. Photo : Pirna, 1974.

54

55

56: Typischer Straßenbahnzug: Gotha-Waggons gab es in allen Betrieben der DDR. Foto: Dessau, 1991.
57: Gotha-Triebwagen T57, gebaut 1957 bis 1961. Foto: Nordhausen, 1991.
58: Gotha-Triebwagen T57 mit Beiwagen B57. Foto: Frankfurt/Oder, 1991.
59: Tatra T4D im Dreierzug. Etliche dieser Waggons wurden später nach Nordkorea verkauft.
Foto: Magdeburg, 1991.
60: Gotha-Triebwagen vor dem Bahnhof Gotha. Die Taxis sind bereits Mercedes-Modelle. Foto: 1991.

56

56: A typical tram: Gotha wagons were present in all GDR transport companies. Photo: Dessau, 1991.
57: A Gotha T57 tram, built from 1957 to 1961. Photo: Nordhausen, 1991.
58: A Gotha T57 tram with a B57 trailer car. Photo: Frankfurt/Oder, 1991.
59: A triple Tatra T4D tram. Quite a few of these wagons were later sold to North Korea. Photo: Magdeburg, 1991.
60: A Gotha tram in front of the Gotha train station. The taxis are already Mercedes models. Photo: 1991.

56 : Un tramway typique : les wagons Gotha étaient utilisés par toutes les régies de transports de RDA.
Photo : Dessau, 1991.
57 : Automotrice Gotha T57, produit de 1957 à 1961. Photo : Nordhausen, 1991.
58 : Automotrice Gotha T57 avec voiture remorque B57.
Photo : Francfort/Oder, 1991.
59 : Tatra T4D à trois rames. Un grand nombre de ces wagons a par ▶

57

58

59

60

61

▶ la suite été vendu en Corée du Nord. Photo : Magdebourg, 1991.
60 : Automotrice Gotha devant la gare de Gotha. Les taxis sont déjà des modèles Mercedes. Photo : 1991.
61, 62 : Des doubles trams Gotha dans des teintes peu habituelles. Une partie des 3000 wagons de cette série a été produite pour les régies en URSS. Photos : Gotha, 1991 ; Francfort/Oder, 1991.

61, 62: Gotha-Zweierzüge in ungewöhnlichen Lackierungen. Ein Teil der fast 3000 Waggons dieser Baureihe wurde für Bahnen in der UdSSR hergestellt. Fotos: Gotha, 1991; Frankfurt/Oder, 1991.

61, 62: A Gotha double-tram with unusual colours. Some of the approx. 3000 wagons of this series were manufactured for USSR companies. Photos: Gotha, 1991; Frankfurt/Oder, 1991.

62

1

POLEN
POLAND
LA POLOGNE

Zwischen Oder und Bug
Between the Oder and the Bug rivers
Entre l'Oder et le Boug

2

3

Zwischen Ostsee und Beskiden trifft es ebenfalls. Geographisch betrachtet: in der Mitte Europas. Die Unterschiede zu Deutschland sind gar nicht so groß. Was immer noch fehlt, ist ein leistungsfähiges Autobahnnetz. Viel Verkehr zwischen den Zentren des Landes. Geschichtsträchtige Städte und Regionen, die einen Besuch lohnen. Ostpreußen, Masuren, Pommern, Oberschlesien. Erinnerungen an die Vorkriegszeit. Heute gute Nachbarschaft. Abgesehen von ein paar gepflegten Klassikern nähert sich das polnische Straßenbild rasant dem europäischen Durchschnitt an.

1: Autokennzeichen (LU steht für Lublin). Bis 2000 wurden in Polen schwarze Schilder ausgegeben.
2: Reklameschild für Wodka-Marke.
3: Wegweiser in Lublin. Foto: 2015.
4: Lieferwagen FSC Żuk in Straße-Schiene-Version (vgl. S. 140/141). Foto: Węgorzewo, 2010.

Another definition could be: between the Baltic Sea and the Beskids, geographically situated in the centre of Europe. The difference to Germany is not so significant. A functional highway network is still absent, therefore a lot of traffic exists between the main cities of the country; historical cities and regions which are worth a visit: East Prussia, Masuria, Pomerania, Upper Silesia. Many pre-war memories. Today a good neighbourship with Germany. Except for a few well-kept classic cars, the Polish streetscape is rapidly adapting to the European average.

1: A Number plate (LU is the abbreviation for Lublin). Until 2000, black number plates were distributed in Poland.
2: Publicity sign for a Vodka brand.
3: Direction signs in Lublin. Photo: 2015.
4: Delivery truck FSC Żuk here in a road-rail version (see pages 140/141). Photo: Węgorzewo, 2010.

Ou entre la mer Baltique et les Beskides. D'un point de vue géographique : au centre de l'Europe. Les différences avec l'Allemagne ne sont pas flagrantes. Mais ce qui manque avant tout, c'est un réseau fiable d'autoroutes. La circulation est dense entre les centres du pays. Des villes et régions historiques qui valent le détour. Prusse-Orientale, Mazurie, Poméranie, Haute-Silésie. Souvenirs d'avant-guerre. Un bon voisinage aujourd'hui. Mis à part quelques véhicules de collection bien entretenus, le paysage routier polonais se rapproche rapidement de la moyenne européenne.

1 : Plaque d'immatriculation (LU pour Lublin). Jusqu'en 2000, les plaques polonaises étaient noires.
2 : Panneau publicitaire d'une marque de vodka.
3 : Panneau routier à Lublin. Photo : 2015.
4 : Camionnette FSC Żuk en version rail-route (cf. p. 140/141). Photo : Węgorzewo, 2010.

4

5: Nationalsymbole an einer Hauswand. Foto: Krakau, 2015.
6: Fiat 126, baugleich mit Polski Fiat 126p, gebaut 1975 bis 2000 bei FSM. Foto: Krakau, 2015.
7: Wartburg 353 mit Fahrzeugfront der Baujahre 1966 bis 1985. Foto: Frombork, 2010.
8: Škoda 105L, hier Version der Baujahre 1981 bis 1988. Foto: Olsztyn (Allenstein), 2010.
9: Polski Fiat 126p. Foto: Krakau, 2003.
10: Straßenszene in Krakau. Vorn ein Škoda 120, noch mit schwarzem Nummernschild. Foto: 2003.

5: National symbols on a wall. Photo: Krakow, 2015.
6: A Fiat 126, identical with the Polski Fiat 126p, built from 1975 to 2000 by FSM. Photo: Krakow, 2015.
7: A Wartburg 353 with the front of the construction years 1966 to 1985. Photo: Frombork, 2010.
8: A Škoda 105L, here the version built from 1981 to 1988. Photo: Olsztyn (Allenstein), 2010.
9: A Polski Fiat 126p. Ph.: Krakow, 2003.
10: Street life in Krakow. In front a Škoda 120 still with a black number plate. Photo: 2003.

5

6

7

8

9

10

5 : Symboles nationaux sur la façade d'une maison. Photo : Cracovie, 2015.
6 : Fiat 126, identique à la Fiat-Polski 126p, construite de 1975 à 2000 par FSM. Photo : Cracovie, 2015.
7 : Wartburg 353 avec face avant des modèles entre 1966 et 1985. Photo : Frombork, 2010.
8 : Škoda 105L, ici la version des années 1981 à 1988. Photo : Olsztyn, 2010.
9 : Fiat-Polski 126p. Photo : Cracovie, 2003.
10 : Scène de rue à Cracovie. À l'avant, une Škoda 120 encore avec sa plaque noire. Photo : 2003.

11

11: In der Altstadt von Breslau: Die Gebäude sind noch nicht restauriert. Etliche Polski Fiat 126p stehen auf dem Parkplatz. Foto: 1991.
12: Polski Fiat 126p – Kleinstwagen vor großbürgerlicher Fassade. Foto: Poznań (Posen), 2004.

11: In the historic centre of Wrocław: the buildings are not yet renovated; several parked Polski Fiat 126p. Photo: 1991.
12: A Polski Fiat 126p – a small car parked in front of an upper-class building. Photo: Poznań, 2004.

11 : Dans le centre historique de Wrocław : les bâtiments ne sont pas encore restaurés. Plusieurs Fiat Polski 126p sur un parking. Photo : 1991.
12 : Fiat Polski 126p – petite voiture devant une façade de la grande bourgeoisie. Photo : Poznań, 2004.

12

13: Polski Fiat 125p, gebaut 1967 bis 1991. Die Kombi-Version war eine Eigenentwicklung des polnischen Herstellerwerks FSO. Foto: Danzig, 2004.
14: Ein Schrottplatz bei Gliwice (Gleiwitz). Foto: 2003.
15: Wartburg 353 im Profil. Foto: Frombork, 2010.
16: FSO Polonez Caro, gebaut 1991 bis 1997; westliches Design von Giugiaro. Foto: Krakau, 2015.
17: Der 125p war der Vorgänger des Polonez. Foto: Kętrzyn, 2010.
18: Fahrradverleih in Krakau, 2015.

13

14

15

16

17

13: Polski Fiat 125p, built from 1967 to 1991. The estate version was developed by the Polish FSO factory. Photo: Gdansk, 2004.
14: A scrap yard near Gliwice. Photo: 2003.
15: A profile picture of a Wartburg 353. Photo: Frombork, 2010.
16: A FSO Polonez Caro, built from 1991 to 1997; a Western design by Giugiaro. Photo: Krakow, 2015.
17: The 125p was the predecessor of the Polonez. Photo: Kętrzyn, 2010.
18: Bike rental in Krakow. Photo: 2015.

13 : Fiat-Polski 125p, construite de 1967 à 1991. La version break était une conception originale de la fabrique automobile polonaise FSO. Photo : Gdańsk, 2004.
14 : Une casse près de Gliwice. Photo : 2003.
15 : Wartburg 353 de profil. Photo : Frombork, 2010.
16 : FSO Polonez Caro, construite de 1991 à 1997 ; un design occidental signé Giugiaro. Photo : Cracovie, 2015.
17 : La 125p était le prédécesseur des Polonez. Photo : Kętrzyn, 2010.
18 : Location de vélos à Cracovie. Photo : 2015.

18

19: Schilderwald. Foto: Krakau, 2015.
20: Framo V901/2, gebaut 1954 bis 1961 in der DDR; ab 1956 unter dem Namen Barkas. Foto: Warschau, 2011.
21: FSC Żuk A-11, gebaut 1967 bis 1998. Foto: Zamość, 2015.
22: Tatra 815, gebaut seit 1983; Schwerlastwagen mit luftgekühltem V10-Motor. Foto: Elbląg (Elbing), 2010.
23: Kleintransporter ZSD Nysa M-521, gebaut 1968 bis 1994.
24: FSO Warszawa M20 (Fließheck, gebaut ab 1951 als Lizenzfertigung des russischen GAZ) und Warszawa 223 (Stufenheck, ab 1964). Produktionsende war 1973.

19

20

21

22

19: A jungle of signs.
Photo: Krakow, 2015.
20: A Framo V901/2, built from 1954 to 1961 in the GDR; called Barkas since 1956. Photo: Warsaw, 2011.
21: An FSC Żuk A-11, built from 1967 to 1998. Photo: Zamość, 2015.
22: A Tatra 815, built since 1983; a heavy-weight truck with an air-cooled V10-engine. Photo: Elbląg, 2010.
23: A ZSD Nysa M-521 van, built from 1968 to 1994.
24: An FSO Warszawa M20 (hatchback, built since 1951 as a licence of the Russian GAZ) and a Warszawa 223 (with notchback, built since 1964). End of production: 1973.

19 : Forêt de panneaux.
Photo : Cracovie, 2015.
20 : Framo V901/2, construite de 1954 à 1961 en RDA ; dès 1956 sous le nom de Barkas. Photo : Varsovie, 2011.
21 : FSC Żuk A-11, construite de 1967 à 1998. Photo : Zamość, 2015.
22 : Tatra 815, construit depuis 1983 ; poids-lourd à moteur V10 refroidi par air. Photo : Elbląg, 2010.
23 : Petit utilitaire ZSD Nysa M-521, construit de 1968 à 1994.
24 : FSO Warszawa M20 (modèle à hayon, construit dès 1951 sous licence du constructeur russe GAZ) et Warszawa 223 (modèle tricorps, dès 1964). La production cesse en 1973.

23

24

25: Ländlicher Bahnübergang in den Beskiden. Skurril: die unnötige Entfernungsangabe! Foto: bei Sanok, 2015.
26: Autosan H9-20, gebaut 1976 bis 2006 in Polen; gehört bis heute zum polnischen Straßenbild. Foto: Warschau, 2011.
27: Ikarus 260, gebaut 1971 bis 2002 in Ungarn; über Jahrzehnte der Standardbus in den meisten Ostblockstaaten. Foto: Warschau, 2011.
28: Wegweiser in Warschau, 2011.
29: Jelcz 043, gebaut 1959 bis 1986 in Polen; identisch mit Škoda 706RTO (Lizenzbau). Hier als gepflegter Oldtimer. Foto: Lublin, 2015.

25: A country train crossing in the Beskids. Strange: the useless distance indication! Photo: near Sanok, 2015.
26: An Autosan H9-20, built from 1976 to 2006 in Poland; still present on Poland's roads today. Photo: Warsaw, 2011.
27: An Ikarus 260, built from 1971 to 2002 in Hungary; it was over decades a standard bus in the Eastern Bloc states. Photo: Warsaw, 2011.
28: Direction sign in Warsaw, 2011.
29: A Jelcz 043, built from 1959 to 1986 in Poland; identical with the Škoda 706RTO (under licence). Here shown as a well-maintained classic. Photo: Lublin, 2015.

25

26

27

28

25 : Passage à niveau rural dans les Beskides. Amusant de constater l'indication de distance inutile ! Photo : près de Sanok, 2015.
26 : L'Autosan H9-20, construit de 1976 à 2006 en Pologne, a toujours sa place sur les routes polonaises. Photo : Varsovie, 2011.
27 : L'Ikarus 260, construit de 1971 à 2002 en Hongrie, sera pendant des décennies le bus le plus courant dans la plupart des États du bloc de l'Est. Photo : Varsovie, 2011.
28 : Panneau routier à Varsovie, 2011.
29 : Jelcz 043, construit de 1959 à 1986 en Pologne ; identique au Škoda 706RTO (produit sous licence). Un bel exemplaire de collection ici. Photo : Lublin, 2015.

29

30: Jelcz 043, hier Umbau zum Cabrio-Bus für Stadtrundfahrten. Vom Kirchenportal schaut der polnische Papst Johannes Paul II. nachdenklich herab. Foto: Warschau, 2011.
31: ZSD Nysa M-522. Der relativ gut motorisierte Kleinbus hatte leider einen hohen Benzinverbrauch. Foto: Krakau, 2015.
32: Er prägte lange Zeit unser Polen-Bild: Polski Fiat 126p.
33: Noch ein polnischer Klassiker: Polski Fiat 125p.
34: Typischer elektrischer Nahverkehrszug: Baureihe EN57, gebaut 1961 bis 1993 bei Pafawag in Breslau. Foto: Elbląg, 2010.

30

31

34

32

33

30: A Jelcz 043, shown here transformed into a topless bus for city sightseeing. The Polish Pope John Paul II looks down with a thoughtful expression. Photo: Warsaw, 2011.
31: A ZSD Nysa M-522. The well-equipped minibus was unfortunately not very fuel-efficient. Photo: Krakow, 2015.
32: The Polski Fiat 126p was a typical symbol of Poland for outsiders.
33: Another Polish classic: Polski Fiat 125p.
34: A typical electrical local train: series EN57, built from 1961 to 1993 at Pafawag in Wrocław. Photo: Elbląg, 2010.

30 : Un Jelcz 043 modifié en bus décapotable pour des visites touristiques de la ville. Le pape polonais Jean-Paul II contemple pensivement la scène depuis l'église. Photo : Varsovie, 2011.
31 : ZSD Nysa M-522. Le petit bus relativement bien motorisé consommait hélas beaucoup de carburant. Photo : Cracovie, 2015.
32 : Elle a longtemps contribué à l'image que nous nous faisons de la Pologne : la Fiat Polski 126p.
33 : Un autre grand classique polonais : la Fiat Polski 125p.
34 : Un train de banlieue électrique typique : modèle EN57, construit de 1961 à 1993 par Pafawag à Wrocław. Photo : Elbląg, 2010.

35

35: Noch einmal derselbe Zugtyp EN57, unterwegs im äußersten Südosten Polens. Foto: Przemyśl, 2015.
36: Auf dem Bahnhof. Foto: Elbląg, 2010.
37-42: Ehemaliges Ostpreußen: Die Eisenbahnstrecke von Węgorzewo (Angerburg) nach Kętrzyn (Rastenburg) ist schon lange stillgelegt, eine weitere durch die nahe Grenze des Kaliningrader Gebietes unterbrochen. Der ehemalige Bahnhof von Węgorzewo dient dem SHK (Verein der Eisenbahnfreunde) als Stützpunkt. Hier sind einige kuriose Fahrzeuge zu bestaunen, u.a. ein Żuk als Straßen-Schiene-Fahrzeug, ein Wartburg 353 Tourist auf Gleisrädern sowie zwei Draisinen. Fotos: 2010.

35: Again the same type EN57 operated in the far southeast of Poland. Photo: Przemyśl, 2015.
36: At the train station. Photo: Elbląg, 2010.
37-42: The former East Prussia: The railroad between Węgorzewo and Kętrzyn has been closed for quite some time and another railroad was intersected by the near border of the Kaliningrad exclave. The former Węgorzewo train station now serves as a clubhouse for the SHK (railway society). Here one can find some interesting vehicles such as a Żuk railway van, a Wartburg 353 Tourist with metal railway wheels as well as two draisine handcars. Photos: 2010.

37

36

35 : Un autre exemplaire de l'EN57, à l'extrémité sud-est de la Pologne. Photo : Przemyśl, 2015.
36 : À la gare. Photo : Elbląg, 2010.
37-42 : L'ancienne Prusse-Orientale : le chemin de fer de Węgorzewo à Kętrzyn est depuis longtemps désaffecté, un autre est séparé par la frontière avec la région voisine de Kaliningrad. L'ancienne gare de Węgorzewo sert de base au SHK, l'amicale des amateurs de chemin de fer. Il y existe un certain nombre de curiosités, comme un Żuk transformé en véhicule rail-route, une Wartburg 353 Tourist sur roues ferroviaires ou encore deux draisines. Photos : 2010.

38

39

40

41

42

1

TSCHECHIEN
CZECH REPUBLIC
LA TCHÉQUIE

Im Škoda durch Böhmen und Mähren
In a Škoda across Bohemia and Moravia
En Škoda à travers la Bohème et la Moravie

2

3

Die Nordhälfte der ehemaligen Tschechoslowakei (Teilung 1993) mit den Flüssen Elbe und Moldau, eingerahmt von Gebirgen: Böhmerwald, Erzgebirge, Riesengebirge. Prag, die „Goldene Stadt", liegt im Zentrum. Berühmte Kurbäder wie Karlsbad erleben einen neuen Boom. Weltbekannte Bierstadt Pilsen. Der traditionsreiche Industriestaat exportiert Fahrzeuge aller Art: Pkw von Škoda, schwere Lkw von Tatra, außerdem Obusse, Straßenbahnen und Lokomotiven. Elektrische Verkehrsmittel spielen im Land schon seit Jahrzehnten eine große Rolle. Die Marke Škoda hat auf dem Inlandsmarkt nun Konkurrenz aus Asien bekommen.

1: Der (erste) Buchstabe des Autokennzeichens gibt den Ortshinweis: A steht für Prag.
2: Tschechoslowakische Kronen, im Umlauf bis Anfang 1993.
3: Hinweisschild auf den Nationalpark Riesengebirge (Krkonoše), der 1963 als Fortsetzung des polnischen Nationalparks eingerichtet wurde.
4: Prag 1990: Unter den 21 Autos befinden sich allein 12 Škoda! Als weitere Ostblock-Modelle noch zwei Lada, ein Wartburg, ein Trabant und ein Dacia.

The Czech Republic is situated in the northern part of the former Czechoslovakia (division in 1993) with the Elbe and the Vltava rivers and surrounded by mountain ranges: the Bohemian Forest, the Ore Mountains, the Krkonoše (Giant Mountains). Prague, the "Golden City", is situated in the centre. Famous spa resorts such as Karlsbad are getting quite popular as well as the world famous beer city Pilsen. This industrial nation rich in tradition exports all types of vehicles: Škoda cars, heavy load trucks from Tatra as well as trolleybuses, trams and locomotives. Since decades, electrical vehicles play an important role in the country. The Škoda brand is now challenged on its home market by Asian competitors.

1: The (first) letter on the number plate indicates the region. The letter A defines Prague.
2: The Czechoslovakian koruna was available until early 1993.
3: A sign in the Krkonoše (Giant Mountains) National Park, which was created in 1963 as an extension of the Polish national park.
4: Prague in 1990: There are 12 Škodas amongst the 21 cars! The additional Eastern Bloc models here are: two Ladas, a Wartburg, a Trabant and a Dacia.

La moitié nord de l'ancienne Tchécoslovaquie (séparation en 1993) avec les fleuves de l'Elbe et de la Vltava, entourée par des massifs : la Forêt de Bohême, les monts Métallifères, les monts des Géants. Prague, la « ville dorée », se trouve au centre. Des stations thermales réputées comme Carlsbad connaissent un nouvel essor. Pilsen, ville mondialement connue pour sa bière. Ce pays traditionnellement industriel exporte des véhicules de tout type : des voitures Škoda, des camions Tatra, ainsi que des trolleybus, des tramways et des locomotives. Depuis des décennies, les moyens de transport électriques jouent un rôle important dans le pays. La marque Škoda est désormais concurrencée sur son propre marché par des constructeurs asiatiques.

1 : La (première) lettre de la plaque indique la ville : A équivaut à Prague.
2 : Des couronnes tchécoslovaques, en circulation jusqu'au début de l'année 1993.
3 : Panneau de signalisation du parc national des Monts des Géants (Krkonoše) établi en 1963 dans la continuité du parc national polonais.
4 : Prague 1990 : parmi les 21 voitures à l'image se trouvent pas moins de 12 Škoda, et cinq autres véhicules du bloc de l'Est : deux Lada, une Wartburg, une Trabant et une Dacia.

4

5

6

5: Originelles Trabant-Recycling an einer Kneipe. Foto: Jílové, 2009.
6: Stattliche Erscheinung: Staatskarosse Tatra 603, gebaut 1956 bis 1975, Heckmotor. Nur gut 20 000 Exemplare wurden gefertigt. Foto: Prag, 1990.
7: Als Prag noch grau war: am Kleinseitner Ring, 1990.
8: Heute erstrahlt Vieles in neuem Glanz: Škoda-Modelle Felicia, Fabia, Favorit/Forman auf dem Marktplatz von Telč. Foto: 2010.
9: Auch in Tschechien verbreitet: Trabant 601. Foto: unbek. Ort, 2012.

7

8

9

5: Funny recycling of a Trabant in a pub wall. Photo: Jílové, 2009.
6: A posh appearance: the Tatra 603 government saloon with a rear engine, built from 1956 to 1975. Only about 20 000 were manufactured. Photo: Prague, 1990.
7: When Prague was still grey: at the Malá Strana ring road, 1990.
8: Today things glisten in new splendour: Škoda models Felicia, Fabia, Favorit/Forman on the market square of Telč. Photo: 2010.
9: Widespread as well in the Czech Republic: Trabant 601. Photo: location unknown, 2012.

5 : Recyclage original d'une Trabant aux abords d'un bar. Photo : Jílové, 2009.
6 : Une apparition imposante : une Tatra 603, voiture présidentielle à moteur arrière construite de 1956 à 1975. Seulement 20 000 exemplaires ont été produits. Photo : Prague, 1990.
7 : À une époque où Prague était encore grise : le quartier historique de Malá Strana, en 1990.
8 : Aujourd'hui, la ville a retrouvé un nouvel éclat : des Škoda Felicia, Fabia et Favorit/Forman sur la place du marché de Telč. Photo : 2010.
9 : Également répandue en République tchèque : Trabant 601. Photo : lieu inconnu, 2012.

10, 11: Škoda 450 bzw. Felicia, gebaut 1957 bis 1964 als Cabrio des Modells Octavia. Fotos: Prag, 2009, 2007.
12-15: Škoda 1000MB, gebaut 1964 bis 1969. Der Motor leistete 37 PS. Die Abkürzung MB bezog sich auf das neue Produktionswerk in Mladá Boleslav. Mit dieser Modellreihe begann die Heckmotor-Ära bei Škoda, die über drei Fahrzeuggenerationen beibehalten wurde. Der abgebildete Wagen trägt noch ein tschechoslowakisches Nummernschild. Foto: Vrchlabí, 2012.

10

11

12

13

14

10, 11: Škoda 450, or rather Felicia, built from 1957 to 1964 as a convertible version of the Octavia model. Photos: Prague, 2009, 2007.
12-15: Škoda 1000MB, built from 1964 to 1969 with a 37 hp engine. The abbreviation MB referred to the new production factory in Mladá Boleslav. This version launched the era of the rear engines for Škoda and lasted three generations. The pictured car still carries a Czechoslovak number plate. Photo: Vrchlabí, 2012.

15

10, 11 : Škoda 450 ou Felicia, construite de 1957 à 1964 comme version décapotable du modèle Octavia. Photos : Prague, 2009, 2007.
12-15 : Škoda 1000MB, construit de 1964 à 1969. Le moteur développait 37 ch. L'abréviation MB faisait référence à la nouvelle usine de production construite à Mladá Boleslav. C'est avec cette série de modèles qu'a débuté l'ère des moteurs arrière chez Škoda, qui durera trois générations. Le véhicule à 'image porte encore une plaque tchécoslovaque. Photo : Vrchlabí, 2012.

16: Der Nachfolger des Škoda 1000MB geriet deutlich schlichter und hieß Š100 bzw. 110 (je nach Hubraum), gebaut 1969 bis 1976. Vom Standardmodell Š100 gingen rund zwei Drittel aller Exemplare in die DDR. Das Auto war im Land der Zweitakter sehr beliebt wegen des kultivierteren und sparsameren Viertaktmotors (48 PS). Foto: unbek. Ort, 2012.
17: Škoda Š100. Foto: Olomouc (Olmütz), 2012.
18: Škoda Š100 aus den ersten Produktionsjahren. Damals verbarg sich die Tankklappe vorn rechts noch elegant hinter einem Škoda-Emblem. Foto: bei Ostrava, 2013.
19: Škoda Š100 trifft seinen Vorgänger 1000MB. Foto: Vrchlabí, 2012.
20: Škoda Š100. Foto: Český Krumlov, 2010.

16

17

18

19

16: The successor model of the Škoda 1000MB was definitely more simple and was called Š100 or rather 110 (depending on the engine displacement), built from 1969 to 1976. About two thirds of the Š100 standard version went to the GDR. This car was very popular in the country of the two-strokes for its cultivated and more economic four-stroke engine (48 hp). Photo: unknown location, 2012.
17: A Škoda Š100. Photo: Olomouc, 2012.
18: A Škoda Š100 of the first production years. The tank flap was elegantly hidden in the right front behind the Škoda logo. Photo: near Ostrava, 2013.
19: A Škoda Š100 meets his predecessor 1000MB. Photo: Vrchlabí, 2012.
20: Another Škoda Š100. Photo: Český Krumlov, 2010.

16 : Le successeur de la Škoda 1000MB était bien plus discret et était dénommé Š100 ou 110 (selon la cylindrée), construit de 1969 à 1976. Deux tiers de la production du modèle standard Š100 ont été exportés en RDA. Au pays du deux-temps, cette voiture était très populaire en raison de son moteur quatre-temps cultivé et économique (48 ch). Photo : lieu inconnu, 2012.
17 : Škoda Š100. Photo : Olomouc, 2012.
18 : Škoda Š100 des premières années de production. À l'époque, la trappe à carburant était élégamment dissimulée sous l'emblème Škoda. Photo : près d'Ostrava, 2013.
19 : La Škoda Š100 rencontre son prédécesseur, la 1000MB. Photo : Vrchlabí, 2012.
20 : Škoda Š100. Photo : Český Krumlov, 2010.

20

21: Škoda Š110LS, die Luxusausführung mit 62 PS, erkennbar an den Doppelscheinwerfern. Foto: Hodonín, 2012.
22: Dritte Heckmotor-Generation: Škoda 105/120/130 (je nach Hubraum), werksintern als Baureihe 742 bezeichnet, gebaut 1976 bis 1990. Mit über 2 Millionen Exemplaren sehr erfolgreich. Der Kofferraum öffnete sich zur Seite hin, was manchen Beobachter verblüfft haben mag. Foto: Prag, 2009.
23: Škoda 105/120/130. Foto: Tanvald, 2012.
24, 25: Škoda 105L, Front und Heckansicht. Foto: Velvary, 2012.

21

22

23

24

21: A Škoda Š110LS, the deluxe edition with 62 hp, recognisable with the double headlights. Photo: Hodonín, 2012.
22: The third rear-engine generation: Škoda 105/120/130 (depending on the engine displacement); the series was internally called 742, built from 1976 to 1990. Very successful, with over 2 million manufactured copies. The bonnet opened to the side which might have flabbergasted one or the other observer.
Photo: Prague, 2009.
23: A Škoda 105/120/130.
Photo: Tanvald, 2012.
24, 25: A Škoda 105L, front and rear view. Photo: Velvary, 2012.

21 : Škoda Š110LS, la version de luxe de 62 ch, reconnaissable à ses double-phares. Photo : Hodonín, 2012.
22 : Troisième génération à moteur arrière : la Škoda 105/120/130 (en fonction de la cylindrée), dénommée sous le nom de série 742 en interne, construite de 1976 à 1990. Elle a connu un grand succès, avec plus de 2 millions d'exemplaires vendus. Le coffre s'ouvrait vers le côté, ce qui a souvent étonné les passants. Photo : Prague, 2009.
23 : Škoda 105/120/130.
Photo : Tanvald, 2012.
24, 25 : Škoda 105L, vue de l'avant et de l'arrière. Photo : Velvary, 2012.

25

26, 28: Škoda 105L; die Art und Anordnung der Lampen lassen auf ein Baujahr vor 1984 schließen. Foto: Prag, 2012.
27: Ein neueres Baujahr desselben Modells. Die Doppelscheinwerfer waren allerdings unüblich. Foto: Tanvald, 2012.
29: Trotz des eckigen Designs wurden die Škoda-Modelle gern mit Spoilern und anderen sportlichen Accessoires ausgestattet. Vielleicht verleitete der unverkennbare, kernige Klang des Heckmotors dazu. Foto: Kralupy, 2012.
30: Škoda 105/120/130 aus den letzten Baujahren (ab 1984). Foto: Prag, 2007.
31: Nochmals dasselbe Modell in unauffälliger Lackierung.
Foto: Český Krumlov, 2010.

26, 28: A Škoda 105L; the position and arrangement of the headlights suggest that it was produced before 1984. Photo: Prague, in 2012.
27: A more modern version of the same model. However, the double headlights were unusual. Photo: Tanvald, 2012.
29: Despite a more modern square design, the Škoda models were equipped with spoilers and other sporty accessories. Perhaps the unmistakably full and robust sound of the rear engine incited to do so.
30: Škoda 105/120/130 from the last series (from 1984 onwards).
Photo: Prague, 2007.
31: Again the same model with a discrete colour. Photo: Český Krumlov, 2010.

26

27

28

29

30

26, 28 : Škoda 105L ; le type et la disposition des phares indiquent qu'il s'agit d'un exemplaire produit avant 1984. Photo : Prague, 2012.
27 : Une version plus récente du même modèle. Néanmoins, les double-phares n'étaient pas communs. Photo : Tanvald, 2012.
29 : Malgré leur design carré, les modèles Škoda ont souvent été équipés de béquets et d'autres accessoires à caractère sportif. La sonorité rauque du moteur arrière y est peut-être pour quelque chose. Photo : Kralupy, 2012.
30 : Škoda 105/120/130 de dernière génération (dès 1984).
Photo : Prague, 2007.
31 : Le même modèle dans une teinte des plus discrètes.
Photo : Český Krumlov, 2010.

31

32: Riesengebirgs-Idylle mit passendem Auto: Škoda 105L.
Foto: Jablonec nad Jizerou, 2012.
33: Noch zwei Exemplare der letzten Baujahre: links mit tschechischem Kennzeichen, rechts noch mit tschechoslowakischem. Foto: Beroun, 2012.
34: Vor dem Werkstor: Škoda 105/120/130 im Profil. Foto: 2012.
35: Škoda 105S, Standardausführung mit runden Scheinwerfern.
Foto: Olomouc, 2012.
36: Kurz vor der Zeitenwende Rückkehr zum Frontmotor: Škoda Favorit, gebaut 1987 bis 1994. Hier die Kombi-Version (Forman, ab 1990). Foto: Prag, 2007.

32: The picturesque landscape of the Krkonoše (Giant Mountains) with a suitable car: a Škoda 105L.
Photo: Jablonec nad Jizerou, 2012.
33: Two other specimens of the last production series: to the left with a Czech number plate and to the right with a Czechoslovak one.
Photo: Beroun, 2012.
34: In front of the factory gate: a Škoda 105/120/130 in profile view.
Photo: 2012.
35: Škoda 105S, standard version with round headlights.
Photo: Olomouc, 2012. ▶

32

33

34

▶ 36: Just before the turn of times, the return to the front engine: Škoda Favorit, built from 1987 to 1994. Here the estate version (Forman, from 1990 onwards). Photo: Prague, 2007.

32 : L'idylle des Monts des Géants avec une voiture adaptée : la Škoda 105L.
Photo : Jablonec nad Jizerou, 2012.
33 : Deux autres exemplaires de la dernière génération : à gauche avec une plaque tchèque, à droite avec l'ancienne plaque tchécoslovaque.
Photo : Beroun, 2012.
34 : Devant les portes de l'usine : Škoda 105/120/130. Photo : 2012.
35 : Škoda 105S, version standard ▶

35

36

▶ à phares ronds.
Photo : Olomouc, 2012.
36 : Retour au moteur avant peu avant la nouvelle ère : Škoda Favorit, construite de 1987 à 1994. Ici en version break (dénommée Forman, à partir de 1990). Photo : Prague, 2007.

37, 39: Von den Heckmotor-Modellen gab es auch Coupés in kleiner Stückzahl: Škoda Garde, gebaut 1981 bis 1984 (rot) im Werk Bratislava; später Škoda Rapid genannt, gebaut 1984 bis 1990 (blau). Fotos: Prag, 2007.
38, 40: Den Škoda Forman gab es auch mit unförmigen Sonderaufbauten statt der normalen Kombi-Bauart. Fotos: Litoměřice, 2012; Vrchlabí, 2012.
41, 42: Velorex 16, gebaut 1955 bis 1971 in der ČSSR. Die Außenhaut des Dreirads bestand aus Kunstleder. Foto: Tanvald, 2012.
43: Trabant 601 in martialischer Aufmachung. Foto: Prag, 2013.

37

38

39

37, 39: From the rear engine models, a small number of coupés were made: Škoda Garde, built from 1981 to 1984 (in red) in the Bratislava factory; later it was called Škoda Rapid, built from 1984 to 1990 (in blue). Photos: Prague, 2007.
38, 40: The Škoda Forman also existed with bulky superstructures instead of the normal estate shape. Photos: Litoměřice, 2012; Vrchlabí, 2012.
41, 42: A Velorex 16, built from 1955 to 1971 in Czechoslovakia. The body of this three-wheel vehicle was made of artificial leather. Photo: Tanvald, 2012.
43: A Trabant 601 in martial design. Photo: Prag, 2013.

40

41

37, 39 : Il existait aussi un petit nombre de coupés à moteur arrière : la Škoda Garde, construite de 1981 à 1984 (rouge) dans l'usine de Bratislava ; dénommée Škoda Rapid par la suite, construite entre 1984 et 1990 (bleue). Photos : Prague, 2007.
38, 40 : La Škoda Forman était également proposée avec des carrosseries spéciales au lieu de la version break normale. Photos : Litoměřice, 2012 ; Vrchlabí, 2012.
41, 42 : Un Velorex 16, construit de 1955 à 1971 en ČSSR. La carrosserie du tricycle était composée de cuir synthétique. Photo : Tanvald, 2012.
43 : Une Trabant 601 d'aspect plutôt martial. Photo : Prague, 2013.

42

43

44

45

46

44: Škoda 15Tr, gebaut 1988 bis 1995; der typisch tschechoslowakische Obus, hier als Gelenkbus der Verkehrsbetriebe Ústí nad Labem. Foto: 2012.
45: Karosa B732, gebaut 1983 bis 1996; der tschechische Standardbus schlechthin, hier bei den Prager Verkehrsbetrieben. Foto: 2007.
46: Škoda 14Tr, gebaut 1981 bis 1998 in über 3200 Exemplaren; hier die modernisierte Version 14TrM (mit Klimaanlage auf dem Dach) bei den Verkehrsbetrieben Plzeň (Pilsen). Foto: 2012.
47: Anlegen der Stromabnehmer. Foto: Ústí nad Labem, 2012.

44: A Škoda 15Tr, built from 1988 to 1995; the typical Czechoslovakian trolleybus; here an articulated bus of the Ústí nad Labem transport services. Photo: 2012.
45: A Karosa B732, built from 1983 to 1996; the Czech standard bus par excellence, here used by Prague's transport services. Photo: 2007.
46: A Škoda 14Tr: From 1981 to 1998, more than 3200 were manufactured; here the updated version 14TrM (with air-conditioning on the roof) used by the Plzeň (Pilsen) transport services. Photo: 2012.
47: Connecting the current collectors. Photo: Ústí nad Labem, 2012.

47

44 : Škoda 15Tr, produit de 1988 à 1995 ; le trolleybus typiquement tchécoslovaque, ici sous forme de bus articulé de la société de transport d'Ústí nad Labem. Photo : 2012
45 : Karosa B732, produit de 1983 à 1996 ; le bus tchèque par excellence, ici chez la société de transport pragoise. Photo : 2007.
46 : Škoda 14Tr, produit de 1981 à 1998 à plus de 3200 exemplaires ; ici la version modernisée 14TrM (avec climatisation sur le toit) chez la société de transport de Plzeň (Pilsen). Photo : 2012.
47 : Installation des pantographes. Photo : Ústí nad Labem, 2012.

Besuch des Technischen Museums Kopřivnice

Unter dem Namen Tatra werden bereits seit 1923 Pkw hergestellt, darunter wahre Exoten. Die Vorgeschichte der Firma reicht aber noch weiter zurück. Bekannt sind heute vor allem die schweren Tatra-Lkw mit Luftkühlung. Alle Fotos: 2013 (mit freundlicher Genehmigung).

A visit to the Technical Museum of Kopřivnice

Tatra started producing passenger cars in 1923, among which some true exotics, but the history of the company goes even further back. Today, Tatra is especially known for its air-cooled trucks. Photos: 2013 (with courtesy).

Visite du Musée technique de Kopřivnice

La société Tatra a commencé à produire des voitures particulières dès 1923, dont certaines très exotiques. Mais l'historique de la société remonte à encore plus loin. Aujourd'hui, Tatra est surtout connue pour ses poids-lourds refroidis par air. Toutes les photos : 2013 (avec l'aimable autorisation du musée).

48, 49: Tatra T97, gebaut 1937 bis 1939; kleinere Version des T87. Nach nur 508 Exemplaren wurde die Produktion durch das NS-Regime gestoppt. Luftgekühlter Heckmotor und Design ähneln ein wenig dem VW-Käfer.
50-52: Tatra 603, gebaut 1956 bis 1975. Stromlinienförmige Oberklasse-Limousine mit luftgekühltem V8-Heckmotor (105 PS). Insgesamt entstanden knapp 20 500 Exemplare in handwerklicher Fertigung. Einige Wagen wurden für den Motorsport aufgerüstet.

49

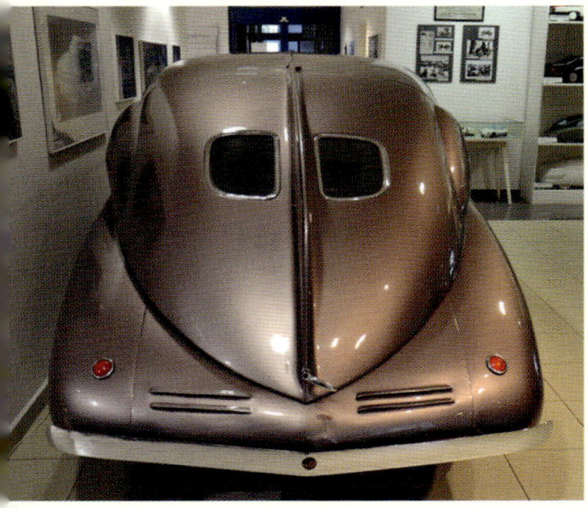

48

50

51

52

48, 49: A Tatra T97, built from 1937 to 1939; a smaller version of the T87. After only 508 copies, the production was stopped by the Nazi regime. Because of the air-cooled rear engine and the design, it has a certain resemblance with the VW Beetle.
50-52: A Tatra 603, built from 1956 to 1975. A streamlined upper-class saloon with an air-cooled V8 rear engine (105 hp). About 20 500 copies in total were handcrafted. Some vehicles were upgraded for racing.

48, 49 : Tatra T97, produite de 1937 à 1939 ; une version plus petite de la T87. La production a été interrompue par le régime nazi après seulement 508 exemplaires. Le moteur arrière refroidi par air et le design rappellent la Coccinelle de Volkswagen.
50-52 : Tatra 603, construite de 1956 à 1975. Une limousine haut de gamme à design aérodynamique et moteur arrière V8 refroidi par air (105 ch). Au total, près de 20 500 exemplaires ont été produits de façon artisanale. Certains exemplaires ont été équipés pour le sport auto.

53: Tatra 30, gebaut 1926 bis 1931 in verschiedenen Versionen.
54: Tatra 603A Krankenwagen, Prototyp 1964.
55, 57: Auf Basis des Tatra 600 wurde 1951 ein einzelnes Cabrio gefertigt, als Geschenk an Stalin. Es kehrte später als Museumsstück zurück.
56: Motorschlitten-Prototyp: Tatra V855 von 1942. Ein V8-Motor dient zum Antrieb eines Heckpropellers.

53: A Tatra 30, built from 1926 to 1931 in different versions.
54: A Tatra 603A ambulance prototype from 1964.
55, 57: Based on the Tatra 600, one single convertible version was produced in 1951 as a present for Stalin. It later returned as a museum exhibit.
56: A snowmobile prototype: a Tatra V855 from 1942. A V8 engine was used for the propulsion of the rear propeller.

53

54

55

53 : Tatra 30, produite de 1926 à 1931 en différentes versions.
54 : Tatra 603A ambulance, prototype de 1964.
55, 57 : En 1951, Staline a reçu en cadeau le seul cabriolet jamais produit sur la base de la Tatra 600. Elle a été restituée comme pièce de musée par la suite.
56 : Prototype de motoneige : Tatra V855 de 1942. Un moteur V8 sert à propulser l'hélice à l'arrière.

56

57

58: Praga V3S, gebaut 1953 bis 1985 bei Avia. Die sehr kurze Motorhaube verleiht dem geländegängigen 3-Achs-Lkw kein besonders kraftvolles Aussehen. Foto: unbek. Ort, 2012.
59, 60: Škoda 706R, gebaut 1945 bis 1951 (1958?); hier Ausstellungsstück vor einem ČSAD-Betriebshof. Foto: Žd'ar nad Sázavou, 2012.
61: Tatra 138, gebaut 1961 bis 1972; Baustellen-Lkw mit drei Achsen und Allradantrieb. Foto: Museum Kopřivnice, 2013.

58: A Praga V3S, built from 1953 to 1985 at Avia. The very short bonnet gives not a very strong appearance to the three-axle truck. Photo: unknown location, in 2012.
59, 60: A Škoda 706R, built from 1945 to 1951 (or 1958?); here an exhibit in front of a ČSAD depot. Photo: Žd'ar nad Sázavou, 2012.
61: A Tatra 138, built from 1961 to 1972; a construction site truck with three axles and six-wheel drive. Photo: Kopřivnice museum, 2013.

58

59

60

61

58 : Praga V3S, produit de 1953 à 1985 par Avia. Le capot moteur très court confère un aspect plutôt sage à ce camion tout-terrain à trois essieux. Photo : lieu inconnu, 2012.
59, 60 : Škoda 706R, produit de 1945 à 1951 (1958 ?) ; ici une pièce de musée devant une cour de la société ČSAD. Photo : Žd'ar nad Sázavou, 2012.
61 : Tatra 138, produit de 1961 à 1972 ; un camion de chantier à trois essieux et à transmission intégrale. Photo : musée de Kopřivnice, 2013.

62: Praga V3S als Kranwagen. Foto: Špindlerův Mlýn, 2012.
63: Mit zwei Sondermodellen des Tatra 805 fuhren M. Zikmund und J. Hanzelka von 1959 bis 1964 um die Welt. Beide Fahrzeuge stehen heute im Tatra-Museum. Foto: Kopřivnice, 2013.
64: Tatra 148, gebaut 1968 bis 1982; unterscheidet sich kaum vom Vorgängermodell 138. Die gesamte Baureihe besaß einen luftgekühlten V8-Motor, drei Achsen und Allradantrieb. Foto: bei Beroun, 2012.

62

63

62: A Praga V3S crane truck. Photo: Špindlerův Mlýn, 2012.
63: From 1959 to 1964, M. Zikmund and J. Hanzelka drove around the world with two special Tatra 805. Both vehicles are today exhibited in the Tatra museum. Photo: Kopřivnice, 2013.
64: A Tatra 148, built from 1968 to 1982; has hardly any differences with the previous model 138. This whole series was equipped with an air-cooled V8 engine, three axles and six-wheel drive. Photo: near Beroun, 2012.

64

62 : Praga V3S chariot-grue. Photo : Špindlerův Mlýn, 2012.
63 : De 1959 à 1964, M. Zikmund et J. Hanzelka ont fait le tour du monde avec deux versions spéciales du Tatra 805. Les deux véhicules se trouvent aujourd'hui dans le musée Tatra. Photo : musée de Kopřivnice, 2013.
64 : le Tatra 148, produit de 1968 à 1982, est très similaire à son prédécesseur, le 138. Toute la série était dotée d'un moteur V8 refroidi par air, de trois essieux et d'une transmission intégrale. Photo : près de Beroun, 2012.

1

SLOWAKEI
SLOVAKIA
LA SLOVAQUIE

Von der Hohen Tatra ins Donautiefland
From the High Tatras to the Danubian Lowland
Des Hautes Tatras à la plaine du Danube

2

3

Die Zwillingsnation Tschechiens – etwas kleiner, ländlicher, südlicher, katholischer, dünner besiedelt. Unterschiede minimal, ebenso Škoda-Land, aber man zahlt hier mit Euro. Unterschätzte Hauptstadt Bratislava, nur einen Katzensprung von Wien entfernt. Nordteil der Karpaten. Hohe Tatra als Hochgebirge im Kleinformat. Nationalparks, Kurbäder, Schlösser, gute Infrastruktur. Mitteleuropa mit wenig Tourismus. Kulturell ein recht homogenes Land. Dynamischer Westen mit neuen Montagewerken etlicher Automarken. Agrarisch geprägter Osten hinkt deutlich hinterher.

1: Nummernschild aus Bardejov.
2: Jugendstilfassade eines Hotels in Košice. Foto: 2015.
3: Ein kühles Bier am Abend. Doch es wird mehr Wein getrunken als nebenan in Tschechien.
4: Diesellokomotive der Staatsbahn ZSSK. Die Baureihe 757 bekam den Spitznamen „Taucherbrille".

Czech Republic's twin nation – a bit smaller, more rural, southern, more roman catholic, sparsely populated. Small differences, a Škoda-country too, but one pays with Euros here. The underestimated capital of Bratislava, not far from Vienna. The northern part of the Carpathians. The High Tatras, a miniature high mountain region. National parks, spa resorts, castles, a good infrastructure. Central Europe with little tourism. Culturally a rather homogeneous country. A dynamic west with new assembly factories for quite a number of car brands. A limping agricultural east.

1: A number plate from Bardejov.
2: Art Nouveau wall of a hotel in Košice. Photo: 2015.
3: A cool beer in the evening. But here, wine is preferred, as opposed to the Czech Republic.
4: A diesel locomotive from the state railway company ZSSK. The 757 series got the nickname "diving goggles".

La nation jumelle de la République tchèque – un peu plus petite, un peu plus rurale, un peu plus au sud, un peu plus catholique et un peu moins peuplée. Les différences sont minimes, c'est aussi le pays de Škoda, mais ici, on paye en euros. Bratislava, la capitale souvent sous-estimée, n'est qu'à quelques kilomètres de Vienne. Partie nord des Carpates. Les Hautes Tatras sont des hautes montagnes à échelle réduite. Parcs nationaux, stations thermales, châteaux, bonne infrastructure. L'Europe centrale avec peu de tourisme. Un pays relativement homogène d'un point de vue culturel. Une région ouest dynamique avec de nouvelles usines d'assemblage de nombreux constructeurs automobiles. Un Est à la traîne marqué par l'agriculture.

1 : Plaque d'immatriculation de Bardejov.
2 : La façade de style Art nouveau d'un hôtel à Košice. Photo : 2015.
3 : Une bière fraîche en soirée. On boit toutefois plus de vin que chez les voisins tchèques.
4 : Locomotive Diesel de la société ferroviaire nationale ZSSK. La série 757 est surnommée « Lunettes de plongée ».

4

5-7: Škoda 105S, das Standardmodell der Baureihe. Die weißlackierten Ecken vorn entstellen die Front ein wenig. Foto: Ružomberok, 2012.
8: Noch ein Škoda 105 aus den Baujahren 1976 bis 1983. Foto: Bardejov, 2015.
9: Vorgängermodell Škoda Š100, gebaut 1969 bis 1976. Foto: Čadca, 2012.

5

6

7

8

5-7: A Škoda 105S, the basic model of this series. The white headlight frames disfigure the front a little bit. Photo: Ružomberok, 2012.
8: Another Škoda 105 built from 1976 to 1983. Photo: Bardejov, 2015.
9: The predecessor Škoda Š100, built from 1969 to 1976. Photo: Čadca, 2012.

9

5-7 : Škoda 105S, le modèle standard de la série. Les angles peints en blanc dénaturent un peu la face avant. Photo : Ružomberok, 2012.
8 : Une autre Škoda 105 des années 1976 à 1983. Photo : Bardejov, 2015.
9 : Ici son prédécesseur, la Škoda Š100, produite de 1969 à 1976. Photo : Čadca, 2012.

10: Škoda Rapid, gebaut 1984 bis 1990; das letzte Coupé der Heckmotor-Pkw. Foto: Bardejov, 2015.
11: Orthodoxe Kirche in Svidník. Sie war nicht immer so bunt. Foto: 2015.
12-16: Škoda 105 aus unterschiedlichen Blickwinkeln. Der Wagen auf Bild 14 besitzt noch das ältere Frontdesign. Fotos der Reihe nach: Levoča, 2012; Čadca, 2012; Bratislava, 2008; Hohe Tatra, 2012 (2x).
17: Pferdegespanne werden kaum noch eingesetzt; hier in Torysa an der Hohen Tatra. Foto: 2012.

10: Škoda Rapid, built from 1984 to 1990; the last of the rear engine coupés. Photo: Bardejov, 2015.
11: An orthodox church in Svidník. It had not always been so colourful. Photo: 2015.
12-16: Škoda 105 seen from different angles. The vehicle on photo 14 still has the older design in the front. Photos in order: Levoča, 2012; Čadca, 2012; Bratislava, 2008; High Tatras, 2012 (2x).
17: Horse and carts are now hardly used; here in Torysa in the High Tatras. Photo: 2012.

10

11

12

13

14

15

17

16

10 : Škoda Rapid, construite entre 1984 et 1990 ; le dernier coupé à moteur arrière. Photo : Bardejov, 2015.
11 : Église orthodoxe à Svidník. Elle n'a pas toujours été aussi colorée. Photo : 2015.
12-16 : La Škoda 105 sous tous ses angles. La voiture de la photo 14 arbore encore la face avant plus ancienne. Photos dans l'ordre : Levoča, 2012 ; Čadca, 2012 ; Bratislava, 2008 ; Hautes Tatras, 2012 (2x).
17 : Les attelages de chevaux se font de plus en plus rares ; ici à Torysa, au pied des Hautes Tatras. Photo : 2012.

18: Gelenkbus Karosa B741 mit Eigenwerbung der Hauptstadt Bratislava. Foto: 2008.
19, 20: Škoda Garde, das Coupé der Baujahre 1981 bis 1984. Ein Teil der Fahrzeuge wurde in der Slowakei montiert. Foto: Trnava, 2012.
21: Obus Škoda 14TrM (modernisiert) der Verkehrsbetriebe Bratislava. Foto: 2008.
22: Obus Škoda 14Tr in Banská Bystrica. Foto: 2012.

18

19

21

20

18: Articulated bus Karosa B741 with self-advertising for the capital Bratislava. Photo: 2008.
19, 20: A Škoda Garde coupé built from 1981 to 1984. Some parts of the vehicles were assembled in Slovakia. Photo: Trnava, 2012.
21: Trolleybus Škoda 14TrM (upgraded) of the Bratislava transport services. Photo: 2008.
22: Trolleybus Škoda 14Tr in Banská Bystrica. Photo: 2012.

22

18 : Bus articulé Karosa B741 avec une publicité pour la ville dans la capitale Bratislava. Photo : 2008.
19, 20 : Škoda Garde, le coupé des années 1981 à 1984. Une partie des véhicules étaient assemblés en Slovaquie. Photo : Trnava, 2012.
21 : Trolleybus Škoda 14TrM (modernisé) de la société de transport de Bratislava. Photo : 2008.
22 : Trolleybus Škoda 14Tr à Banská Bystrica. Photo : 2012.

23: Praga V3S, gebaut 1953 bis 1985. Der voll beladene Dreiachser hat eine Doppelrad-Panne hinten links. Foto: bei Sabinov, 2015.
24: Škoda 706RT, gebaut 1957 bis 1979 bei LiAZ. Der Lastwagentyp war auf den Straßen Osteuropas sehr verbreitet, auch mit Sonderaufbauten. Foto: Ždiar, 2012.
25: Tatra 148, gebaut 1968 bis 1982. Foto: bei Bardejov, 2015.
26: Karosa ŠL11, gebaut 1970 bis 1981; eleganter Regionalbus mit Unterflurmotor. Foto: Košice, 2015.

23

24

25

26

23: A Praga V3S, built from 1953 to 1985. The heavy loaded three-axle truck has got a double puncture on the rear left. Photo: near Sabinov, 2015.
24: Škoda 706RT, built from 1957 to 1979 at LiAZ. This truck type was very common on the streets in Eastern Europe, also with special superstructures. Photo: Ždiar, 2012.
25: A Tatra 148, built from 1968 to 1982. Photo: near Bardejov, 2015.
26: A Karosa ŠL11, built from 1970 to 1981; an elegant regional bus with underfloor engine. Photo: Košice, 2015.

23 : Praga V3S, produit de 1953 à 1985. Ce modèle à trois essieux chargé à bloc est victime d'une double crevaison à l'arrière gauche. Photo : près de Sabinov, 2015.
24 : Škoda 706RT, produit de 1957 à 1979 par LiAZ. Ce type de camion était très répandu sur les routes d'Europe de l'Est, également en versions spéciales. Photo : Ždiar, 2012.
25 : Tatra 148, produit de 1968 à 1982. Photo : près de Bardejov, 2015.
26 : Karosa ŠL11, construit entre 1970 et 1981 ; un élégant car régional à moteur sous plancher. Photo : Košice, 2015.

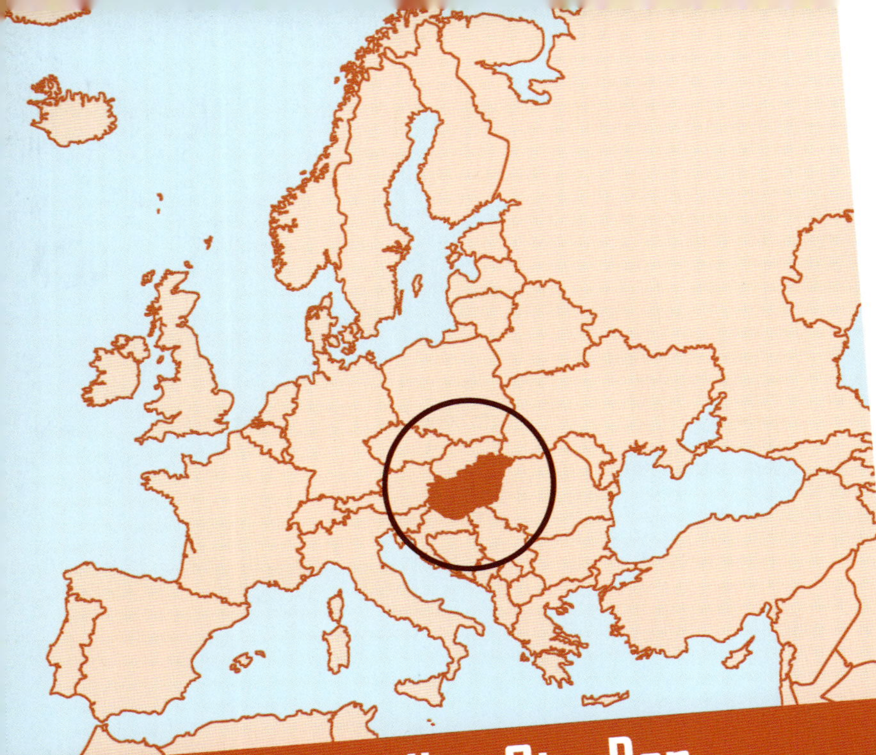

1

UNGARN
HUNGARY
LA HONGRIE

Ikarus auf allen Straßen
Ikarus on every road
Ikarus sur toutes les routes

2

3

Die Donau halbiert das Land. Plattensee und Hügelland im Westen. Puszta, Großdörfer und verstreute Einzelgehöfte im Osten. Eine Bergkette im Norden. Und überall Felder. Sonnenblumen, Getreide, Weinreben, Paprika. Ein farbiges Land mit viel Nostalgie und Idylle. Mittendrin die übermächtige Metropole Budapest – gleichermaßen Touristenmagnet und Industriestandort. Im Rahmen der sozialistischen Arbeitsteilung war Ungarn für die Omnibusproduktion zuständig. Die Traditionsmarke Ikarus eroberte die Straßen des ganzen Ostblocks und zahlreicher Schwellenländer.

1: Ungarisches Nummernschild aus dem Zeitraum 1990 bis 2004.
2: Störche gibt es in jedem ungarischen Dorf. Foto: Csökmő, 2016.
3: Ein Straßenschild in Budapest.
4: Als Ostblock-Pkw noch das Straßenbild prägten: Škoda, Dacia, Trabant, Barkas. Foto: Kőszeg, 1989.

The Danube flows through the country. Lake Balaton and the hilly landscape lie in the west. The Puszta, large villages and dispersed single farms in the east. A mountain range in the north. Fields everywhere; sunflowers, grain, grape vines, peppers. A colourful country with a lot of nostalgia and idyll. In the middle, the mighty metropolis of Budapest – a magnet for tourists as well as an industrial location. Within the socialist division of labour, Hungary was responsible for the bus production. The traditional brand Ikarus conquered the streets of the whole Eastern Bloc and numerous developing countries.

1: A Hungarian number plate from the period between1990 and 2004.
2: There are storks in every Hungarian village. Photo: Csökmő, 2016.
3: A street sign in Budapest.
4: When Eastern Bloc cars still dominated the streets: Škoda, Dacia, Trabant, Barkas. Photo: Kőszeg, 1989.

Le Danube coupe le pays en deux. Le lac Balaton et la basse montagne à l'ouest. La puszta, les grands villages et les fermes isolées à l'est. Une chaîne montagneuse au nord. Et des champs un peu partout. Tournesols, céréales, vignes, poivrons. Un pays coloré avec beaucoup de nostalgie et d'idylle. En plein centre, la puissante métropole de Budapest – à la fois un aimant touristique et un haut-lieu de l'industrie. Dans le cadre de la répartition socialiste du travail, la Hongrie était responsable de la production de bus. La marque traditionnelle Ikarus a conquis les routes de l'ensemble du bloc de l'Est et de nombreux pays émergents.

1 : Plaque d'immatriculation hongroise de la période entre 1990 et 2004.
2 : Les cigognes sont présentes dans tous les villages hongrois. Photo : Csökmő, 2016.
3 : Un panneau routier à Budapest.
4 : À une époque où les voitures du bloc de l'Est étaient majoritaires dans les rues : Škoda, Dacia, Trabant, Barkas. Photo : Kőszeg, 1989.

4

5

5: Trabant 601 vor der berühmten Moschee von Pécs. Foto: 1988.
6: Trabant 601 vor und hinter dem Zaun. Foto: Balatonboglár, 1988.
7: Trabant 601 rast über einen Bahnübergang. Der Schienenstrang führt links geradewegs nach Österreich. Foto: Fertőszéplak, 2001.
8: Auch in Ungarn gehörten sie zum Alltag: Wartburg 353 Tourist und Trabant 601.
Foto: Sopron, 1989.

8

6

5: A Trabant 601 in front of the famous mosque of Pécs. Photo: 1988.
6: Trabant 601 in front and behind the fence. Photo: Balatonboglár, 1988.
7: A Trabant 601 is speeding across a railway crossing. To the left, the railway tracks directly lead to Austria. Photo: Fertőszéplak, 2001.
8: In Hungary, they were also present in everyday life: Wartburg 353 Tourist and Trabant 601.
Photo: Sopron, 1989.

7

5 : Trabant 601 devant la fameuse mosquée de Pécs. Photo : 1988.
6 : Une Trabant 601 de part et d'autre du grillage.
Photo : Balatonboglár, 1988.
7 : Une Trabant 601 traverse un passage à niveau à toute allure.
Ce chemin de fer mène tout droit vers l'Autriche en partant vers la gauche. Photo : Fertőszéplak, 2001.
8 : Également très populaires en Hongrie : Wartburg 353 Tourist et Trabant 601. Photo : Sopron, 1989.

9

10

11

12

9: Paprika und anderes Gemüse! Die Märkte quellen über davon, aber in der Gastronomie steht immer noch das Fleisch an erster Stelle. Foto: Budapest 2016.
10: Weinkombinat Tokaj. Der Trabant ist etwas zu klein für die dicken Fässer. Foto: Bodrogkeresztúr, 1988.
11: Nysa-Lieferwagen und Polizei-Lada. Foto: Budapest, 1988.
12: Škoda Š100 an einem Provinz-Bahnübergang mit Halbschranken. Eine Rangierlok der Staatsbahn MÁV zieht einen Güterzug vorüber. Foto: unbek. Ort, 1988.

9: Peppers and other vegetables! The markets are overflowed with them, but meat still is in first place in the gastronomy. Photo: Budapest 2016.
10: Wine combine Tokaj. The Trabant is a bit too small for the bulky barrels. Photo: Bodrogkeresztúr, 1988.
11: A Nysa delivery truck and a Lada-police car. Photo: Budapest, 1988.
12: A Škoda Š100 in front of a semi-barrier railway crossing in the province. A shunter of the national railway company MÁV with a freight train drives by. Photo: location unknown, 1988.

9 : Des poivrons parmi d'autres légumes ! Les marchés en débordent, mais l'aliment préféré dans la gastronomie reste la viande. Photo : Budapest 2016.
10 : Un combinat de vin Tokaj. La Trabant est un peu trop petite pour transporter les gros fûts. Photo : Bodrogkeresztúr, 1988.
11 : Camion de livraison Nysa et Lada de la police. Photo : Budapest, 1988.
12 : Škoda Š100 devant un passage à niveau provincial à demi-barrières. Une locomotive de manœuvre de la société ferroviaire nationale MÁV tracte un train de marchandises. Photo : lieu inconnu, 1988.

13: Einfaches Bierlokal in der Puszta. Foto: Hódmezővásárhely, 2016.
14: Einsamer Wartburg 353 am Rande einer Landstraße. Ungarische Ortsnamen erfordern breite Wegweiser. Foto: Harkakötöny, 2016.
15: Der Wartburg 1.3 war äußerlich kaum verändert, besaß aber einen VW-Motor. Foto: Gyöngyös, 2016.
16: Das Heck des Wartburg 1.3 zeigt ebenfalls nur zaghafte Retuschen (vgl. Bild 14). Foto: Szeged, 2016.
17: Auch dem Trabant wurde 1990/91 noch ein VW-Motor spendiert. Angesichts der Konkurrenz aus dem Westen blieb der Trabant 1.1 aber ein Ladenhüter. Foto: Budapest, 2016.

13: A simple beer pub in the Puszta. Photo: Hódmezővásárhely, 2016.
14: A deserted Wartburg 353 parked besides a country road. Hungarian destination names require broad signs. Photo: Harkakötöny, 2016.

13

14

15

16

17

15: The Wartburg 1.3 was hardly modified externally but was equipped with a VW engine. Photo: Gyöngyös, 2016.
16: The back of the Wartburg 1.3 only showed some slight touch-ups (see no. 14). Photo: Szeged, 2016.
17: The Trabant was also fitted with a VW engine in 1990/91. However, because of the competition from the West, the Trabant 1.1 remained a shelf warmer. Photo: Budapest, 2016.

13 : Une simple brasserie dans la puszta. Photo : Hódmezővásárhely, 2016.
14 : Une Wartburg 353 isolée au bord d'une route de campagne. Les noms des villes hongroises demandent de grands panneaux. Photo : Harkakötöny, 2016.
15 : Vue de l'extérieur, la Wartburg 1.3 n'a pas beaucoup changé, mais elle était équipée d'un moteur VW. Photo : Gyöngyös, 2016.
16 : L'arrière de la Wartburg 1.3 n'a lui aussi subi que quelques modifications (cf. photo 14). Photo : Szeged, 2016.
17 : Même la Trabant a reçu une motorisation VW en 1990/91. Mais face à la concurrence occidentale, la Trabant 1.1 n'a pas connu le succès escompté. Photo : Budapest, 2016.

18-20: Fahrzeuge eines Fanclubs ziehen vorüber: Trabant 601 in seinen verschiedenen Karosserievarianten. Fotos: Szentendre, 2016.
21: Nochmals ein Trabant 1.1 mit VW-Motor, erkennbar am asymmetrischen Kühlergrill und vergrößerten Stoßfängern aus Kunststoff. Foto: Szeged, 2016.
22: Der Trabant wirkt völlig antiquiert im Straßenbild. Foto: Szombathely, 2016.
23: Schaufenster-Deko zu Ostern. Foto: Kőszeg, 1989.

18

19

20

18-20: Fan club vehicles are passing by. The Trabant 601 with its different bodyworks. Photos: Szentendre, 2016.
21: Again a Trabant 1.1 with VW engine, recognizable here at the asymmetric grille and the enlarged plastic bumper. Photo: Szeged, 2016.
22: The Trabant seems completely antiquated in this street image.
Photo: Szombathely, 2016.
23: Shop window decoration for Easter. Photo: Kőszeg, 1989.

21

22

18-20 : Passage des véhicules d'un club d'amateurs : la Trabant 601 dans ses différentes versions de carrosserie. Photos : Szentendre, 2016.
21 : Une autre Trabant 1.1 à moteur VW, reconnaissable à sa calandre asymétrique et ses pare-chocs élargis en plastique. Photo : Szeged, 2016.
22 : La Trabant paraît archaïque dans les rues d'aujourd'hui.
Photo : Szombathely, 2016.
23 : Décorations d'une vitrine de magasin à Pâques. Photo : Kőszeg, 1989.

23

24: Personenbeförderung in der Puszta. Ököritófülpös, 2016.
25: Škoda 105/120/130 an einem Vorortbahnhof. Foto: Budapest, 2016.
26: Gut gepflegter Škoda 120L. Das Auto ist hier bereits 25 bis 30 Jahre alt. Foto: Szeged, 2016.
27, 28: Noch älter ist dieser Škoda 120L; man erkennt es am Front- und Heckdesign. Foto: Gyöngyös, 2016.

24: Passenger transport in the Puszta. Photo: Ököritófülpös, 2016.
25: A Škoda 105/120/130 at a suburban train station. Photo: Budapest, 2016.
26: A well-maintained Škoda 120L. The car here is already 25 to 30 years old. Photo: Szeged, 2016.
27, 28: This Škoda 120L is even older; recognizable at the front and back design. Photo: Gyöngyös, 2016.

24

25

27

26

24 : Transport de personnes dans la Puszta. Ököritófülpös, 2016.
25 : Škoda 105/120/130 près d'une gare de banlieue. Photo : Budapest, 2016.
26 : Une Škoda 120L bien entretenue. Sur cette photo, la voiture a déjà entre 25 et 30 ans. Photo : Szeged, 2016.
27, 28 : Le design de l'avant et de l'arrière indique que ce modèle de la Škoda 120L est encore plus ancien. Photo : Gyöngyös, 2016.

28

29: Im hintersten Winkel Ungarns, nahe der ukrainischen Grenze, fehlen noch ein paar Brücken. Der Fährmann an der Flussfähre bei Szamossályi wartet auf Arbeit. Foto: 2016.
30, 31, 33: VAZ Lada 2105 (auch Lada Nova genannt), gebaut 1979 bis 2010. Fotos: Budapest, 2016.
32: Škoda Favorit, gebaut 1987 bis 1994; Wiedereinführung des Frontmotors. Foto: Budapest, 2016.

29: In the furthest corner of Hungary, close to the Ukrainian border, there are still a few bridges missing. The ferryman is waiting for work near Szamossályi. Photo: 2016.
30, 31, 33: VAZ Lada 2105 (also known as Lada Nova), built from 1979 to 2010. Photos: Budapest, 2016.
32: A Škoda Favorit, built from 1987 to 1994; reintroduction of the front engine. Photo: Budapest, 2016.

29

30

31

32

29 : Dans le coin le plus reculé de la Hongrie, à proximité de la frontière ukrainienne, certains ponts n'ont jamais été construits. Le passeur du bac près de Szamossályi attend ses clients. Photo : 2016.
30, 31, 33 : VAZ Lada 2105 (également appelée Lada Nova), construite de 1979 à 2010.
Photos : Budapest, 2016.
32 : Škoda Favorit, produite entre 1987 et 1994 ; réintroduction du moteur avant. Photo : Budapest, 2016.

33

34

34: VAZ Lada 2107, erkennbar am vergrößerten Kühlergrill. Foto: Szeged, 2016.
35: VAZ Lada 2101, das Ur-Modell, produziert als Lizenz des Fiat 124. Foto: Baja, 2016.
36, 38: Reisebus Ikarus 55, gebaut 1955 bis 1973. Im vorgewölbten Heck arbeitete lautstark ein Motor mit 145 PS. Der unverkennbare Sound und die leicht aerodynamische Karosserie führten in der DDR zu dem Spitznamen „Zigarre". Foto: Eger, 1980.
37, 39: Ikarus 260, gebaut 1972 bis 2002. Als zeitweise größter Bushersteller der Welt belieferte Ikarus den gesamten Ostblock und zahlreiche Entwicklungsländer. Von der 200er Baureihe waren allein in Istanbul über 1000 Stück im Einsatz. In der DDR kamen fast alle Busse von Ikarus. Fotos: Budapest, 1988; Sárospatak, 2015.

34: A VAZ Lada 2107, recognizable by the enlarged radiator grille. Photo: Szeged, 2016.
35: A VAZ Lada 2101, this first model was produced as a Fiat 124 licence. Photo: Baja, 2016.
36, 38: The travel coach Ikarus 55, built from 1955 to 1973. Underneath ▶

35

36

▶ the bulky rear of the bus, a vociferous 145 hp engine was operating. In the GDR its unique sound and shape earned himthe nickname "cigar".
37, 39: An Ikarus 260, built from 1972 to 2002. At one time, it was the largest bus manufacturer worldwide; Ikarus vehicles were distributed to the whole Eastern Bloc and to several developing countries. From the 200 series, more than 1000 vehicles were operated alone in Istanbul. Nearly all the buses in the GDR came from Ikarus. Photos: Budapest, 1988; Sárospatak, 2015.

38

34 : VAZ Lada 2107, reconnaissable à sa calandre élargie. Photo : Szeged, 2016.
35 : VAZ Lada 2101, le premier modèle, produit sous licence de la Fiat 124. Photo : Baja, 2016.
36, 38 : Car de voyage Ikarus 55, produit entre 1955 et 1973. Sous le capot arrière profilé travaillait un moteur assourdissant de 145 ch. Son bruit unique et sa carrosserie légèrement aérodynamique lui ont valu le sunom de « cigare » en RDA. Photo : Eger, 1980.
37, 39 : Ikarus 260, produit entre 1972 et 2002. En tant que plus grand constructeur de bus au monde à l'époque, Ikarus fournissait l'ensemble du bloc de l'Est et de nombreux pays en développement. Pas moins de 1000 exemplaires de la série 200 circulaient rien qu'à Istanbul. En RDA, presque tous les bus provenaient d'Ikarus. Photos : Budapest, 1988 ; Sárospatak, 2015.

37

39

40

41

42

43

40: Die 200er Baureihe von Ikarus gab es auch als Gelenkbus (Typ 280); hier in der Obus-Version 280T. Foto: Budapest, 2016.
41: Einige gut erhaltene Ikarus 280 zwischen moderneren Bussen am Bahnhof von Győr. Foto: 2016.
42: Ikarus 280 vor einem Bus der heutigen ungarischen Marke Credo. Foto: Győr, 2016.
43: Der Ikarus 620, gebaut 1958 bis 1961, besaß noch einen Frontmotor.
44: Szene am Bushof in Pápa. Foto: 2016.
45: Ikarus 55 auf einer Briefmarke.

40: The Ikarus 200 series was also available as an articulated bus (type 280) here in the trolleybus version 280T. Photo: Budapest, 2016.
41: Some well-maintained Ikarus 280 between more modern buses at the train station in Győr. Photo: 2016.
42: An Ikarus 280 in front of a bus from today's Hungarian Credo brand. Photo: Győr, 2016.
43: The Ikarus 620, built from 1958 to 1961, was still fitted with a front engine.
44: A scene at the bus station in Pápa. Photo: 2016.
45: An Ikarus 55 on a stamp.

40 : La série 200 d'Ikarus était également disponible en version articulée (type 280) ; ici la version trolleybus 280T. Photo : Budapest, 2016.
41 : Quelques Ikarus 280 bien conservés au milieu de bus modernes à la gare de Győr. Photo : 2016.
42 : Ikarus 280 devant un bus de la marque hongroise actuelle Credo. Photo : Győr, 2016.
43 : L'Ikarus 620, construit de 1958 à 1961, était encore équipé d'un moteur avant.
44 : Scène à la gare routière de Pápa. Photo : 2016.
45 : Ikarus 55 sur un timbre.

44

45

46: Warnschild: „Vorsicht! Kinder!“ Foto: 2016.
47: FSC Żuk A-15, polnischer Kleintransporter; hier als ehemaliger Feuerwehrwagen. Foto: Debrecen, 2016.
48: ZSD Nysa 522, ebenfalls ein polnischer Kleintransporter. Foto: Orosháza, 2016.
49: Reifenpanne an einem GAZ-3307. Foto: bei Sátoraljaújhely, 2015.
50: Robur LO3000, ein typischer Kleinlaster aus der DDR. Foto: Szeged, 2016.

47

46

48

49

46: Warning sign: "Careful! Children!" Photo: 2016.
47: A FSC Żuk A-15, a Polish van, here as a former fire engine. Photo: Debrecen, 2016.
48: A ZSD Nysa 522, a Polish pickup. Photo: Orosháza, 2016.
49: A flat tire on a GAZ-3307. Photo: near Sátoraljaújhely, 2015.
50: A Robur LO3000, a typical pickup truck from the GDR. Photo: Szeged, 2016.

46 : Panneau d'avertissement : « Attention ! Enfants ! » Photo : 2016.
47 : FSC Żuk A-15, un utilitaire polonais ; ici en ancien véhicule des pompiers. Photo : Debrecen, 2016.
48 : ZSD Nysa 522, un autre utilitaire polonais. Photo : Orosháza, 2016.
49 : Crevaison sur un GAZ-3307. Photo : près de Sátoraljaújhely, 2015.
50 : Robur LO3000, un petit camion typique de RDA. Photo : Szeged, 2016.

50

51

52

53

51: Historische Straßenszene mit Csepel-Lkw, Ikarus-Bussen und etlichen Radfahrern. Foto: Tokaj, 1981.
52: Żuk A-11 mit Brennholzladung, unterwegs am Theiß-Ufer in Szeged. Foto: 2016.
53: Zweimal IFA W50, gebaut 1965 bis 1990. Von den über 570 000 produzierten Exemplaren dieses sehr bekannten DDR-Lasters ging ein beträchtlicher Anteil in den Export, u.a. nach Afrika. Foto: Kőszeg, 2001.

51: Historic street scenery with a Csepel truck, Ikarus buses and quite a few cyclists. Photo: Tokaj, 1981.
52: A Żuk A-11 with a load of fire wood on the road near the Tisza riverbank in Szeged. Photo: 2016.
53: Twice an IFA W50, built from 1965 to 1990. Of more than 570 000 produced units of this well known GDR truck, a significant number were exported, for example to Africa. Photo: Kőszeg, 2001.

51 : Scène de rue historique avec un camion Csepel, des bus Ikarus et plusieurs cyclistes. Photo : Tokaj, 1981.
52 : Żuk A-11 avec un chargement de bois de chauffe, en route aux abords de la Tisza à Szeged.Photo : 2016.
53 : Deux IFA W50, produits de 1965 à 1990. Parmi les 570 000 exemplaires de ce fameux camion de RDA, un grand nombre a été exporté, notamment en Afrique. Photo : Kőszeg, 2001.

1

RUMÄNIEN
ROMANIA
LA ROUMANIE

„Dacia“ sagten schon die Römer
Already the Romans said “Dacia”
Déjà les Romains disaient « Dacia »

2

3

Zwischen Donau und Schwarzmeerküste. Einst römische Provinz Dakien. Ein Land starker Gegensätze. Transsilvanien (Siebenbürgen), Banat – diesseits der Karpaten traditionelle ungarische, deutsche und slawische Siedlungsgebiete mit ihren Kirchenburgen. Walachei und Moldau – jenseits der Karpaten die Wiege des rumänischen Staates mit der desolaten Hauptstadt Bukarest. Das Erbe sozialistischer Diktatur. Wer arm ist (und das sind viele), fährt nach wie vor Dacia, vielleicht eines der neueren Modelle. Wer noch ärmer ist, spannt auf dem Lande das Pferd vor den hölzernen Wagen.

Between the Danube and the Black Sea coast. Once the Roman province Dacia. A country of strong contrasts. Transylvania, Banat – on this side of the Carpathians the traditional Hungarian, German and Slavic settlement areas with their fortress churches. Wallachia and Moldavia – beyond the Carpathians, the cradle of the Rumanian state with the desolate capital of Bucharest. The legacy of a socialist dictatorship. The ones who are poor – and there are many of them – still drive a Dacia, perhaps one of the more modern models. The poorest, on the countryside, use the horse and a wooden cart.

Entre le Danube et la côté de la mer Noire. Ancienne province romaine de la Dacie. Un pays fortement contrasté. Transylvanie, Banat – au cœur des Carpates, des foyers de peuplement traditionnels hongrois, allemands et slaves et des églises fortifiées. Valachie et Moldavie – au-delà des Carpates, le berceau de l'État roumain avec sa capitale désolante de Bucarest. L'héritage d'une dictature socialiste. Les personnes vivant dans la pauvreté (et elles sont nombreuses) roulent en Dacia, éventuellement un des modèles récents. Les personnes les plus pauvres, à la campagne, utilisent un chariot en bois tracté par un cheval.

1: Autokennzeichen aus Sibiu (Hermannstadt).
2: Wegweiser am Nordbahnhof in Bukarest. Foto: 2013.
3: Schild: „Nicht auf dem Gehsteig parken“. Foto: Oradea, 2009.
4: Straßenszene in Timişoara. Foto: 2009.
5: Dacia 1310, Version 1983 bis 1990; Lizenzfertigung des Renault 12. Foto: Timişoara, 2009.

1: Number plate from Sibiu (Hermannstadt).
2: Direction sign at the North railway station in Bucharest. Photo: 2013.
3: Sign: “Parking on the sidewalk prohibited”. Photo: Oradea, 2009.
4: Street life in Timişoara. Photo: 2009.
5: A Dacia 1310, built from 1983 to 1990; licence production of the Renault 12. Photo: Timişoara, 2009.

1 : Plaque d'immatriculation de Sibiu.
2 : Panneau indicateur dans la gare du nord de Bucarest. Photo : 2013.
3 : Panneau : « Ne pas se garer sur le trottoir ». Photo : Oradea, 2009.
4 : Scène de rue à Timişoara. Photo : 2009.
5 : Dacia 1310, version de 1983 à 1990 ; une production sous licence de la Renault 12. Photo : Timişoara, 2009.

4

6: Rumänische Flaggen vor der Oper in Cluj-Napoca (Klausenburg). Foto: 2017.

6: Romanian flags in front of the opera in Cluj-Napoca. Photo: 2017.

6 : Drapeaux roumains devant l'opéra de Cluj-Napoca. Photo : 2017.

6

5

7

7: Typische Häuser am Stadtrand. Foto: Sibiu, 2010.
8: Schaufenster eines Schneiderateliers. Foto: Mediaş, 2010.
9: Fassadendetails in Sighişoara. Foto: 2010.
10: Auf dem Bahnhof von Copşa Mică. Der Ort erlangte wegen seiner katastrophalen Umweltsituation einst traurige Berühmtheit. Foto: 2010.
11: Über Jahrzehnte allgegenwärtig in Rumänien: Dacia-Versionen des Renault 12. Die Lizenzproduktion begann 1969 und endete erst 2004 nach fast 2 Millionen Exemplaren. Foto: Băile Herculane, 2009.
12: Dacia 1310 mit ländlicher Fracht. Foto: Timişoara, 2009.

7 : Des maisons typiques en bord de ville. Photo : Sibiu, 2010.
8 : La vitrine d'un atelier de tailleur. Photo : Mediaş, 2010.
9 : Détails d'une façade à Sighişoara. Photo : 2010.
10 : Dans la gare de Copşa Mică. La ville est devenue tristement célèbre en raison de sa situation écologique catastrophique. Photo : 2010.
11 : Omniprésente en Roumanie pendant des décennies : les versions Dacia de la Renault 12. ▮▶

10

8

11

7: Typical houses in the city outskirts. Photo: Sibiu, 2010.
8: A display window of a tailor shop. Photo: Mediaş, 2010.
9: Detail of house façades in Sighişoara. Photo: 2010.
10: At the train station in Copşa Mică. This place gained a sad notoriety because of its once disastrous environmental condition. Photo: 2010.
11: Since decades omnipresent in Romania: the Dacia versions of the Renault 12. The licence production started in 1969 and ended only in 2004 after nearly 2 million built units. Photo: Băile Herculane, 2009.
12: A Dacia 1310 with agrarian top load. Photo: Timişoara, 2009.

12

▮▶ La production sous licence a débuté en 1969 et ne s'est terminée qu'en 2004 après presque 2 millions d'exemplaires. Photo : Băile Herculane, 2009.
12 : Dacia 1310 avec un chargement agricole. Photo : Timişoara, 2009.

9

13

14

15

16

13: Auf dem Lande werden immer noch Fuhrwerke benutzt. Foto: Sibiu, 2010.
14: Fahrt durch die Karpaten im Sommer 1981. Schafe haben immer Vorfahrt! Mein Mitfahrer Thomas Lang drückte diesmal auf den Auslöser und hielt die ländliche Szene fest.
15: Heruntergekommene Fassaden und zerbeulte Dacia-Autos; rumänische Realität. Foto: Timişoara, 2009
16: Streunende Hunde sind eine wahre Plage in Bukarest. Foto: 2013.

13: Horse carriages are still used in the countryside. Photo: Sibiu, 2010.
14: A drive across the Carpathians in the summer of 1981. Sheep always have right of way! My passenger, Thomas Lang, captured this rural scene.
15: Shabby façades and dented Dacia cars, Romanian reality. Photo: Timişoara, 2009.
16: Stray dogs are a real nuisance in Bucharest. Photo: 2013.

13 : Il n'est pas rare de croiser des charrettes à la campagne. Photo : Sibiu, 2010.
14 : Traversée des Carpates à l'été 1981. Les moutons sont toujours prioritaires ! C'est mon passager Thomas Lang qui a immortalisé cette scène rurale.
15 : Des façades délabrées et des Dacia cabossées : la réalité roumaine. Photo : Timişoara, 2009.
16 : Les rues de Bucarest sont véritablement infestées de chiens errants. Photo : 2013.

17: Škoda S100, in Rumänien recht selten. Foto: Sibiu, 2010.
18: Der etwas elegantere Vorgänger: Škoda 1000MB. Foto: Timişoara, 2009.
19: Dacia 1400, die letzte Variante, gebaut 1989 bis 2004. Foto: Bukarest, 2013.
20, 21: Dacia 1300 Break (Kombi) in Bukarest und auf Briefmarke. Foto: 2013.
22: Škoda S100, Heckansicht. Foto: Sibiu, 2010.

17

18

19

20

21

17: A Škoda S100, rather rare in Romania. Photo: Sibiu, 2010.
18: The more elegant predecessor: Škoda 1000MB. Photo: Timişoara, 2009.
19: A Dacia 1400, the last version built from 1989 to 2004. Photo: Bucharest, 2013.
20, 21: A Dacia 1300 Break (estate) in Bucharest and on a stamp. Photo: 2013.
22: Rear view of a Škoda S100. Photo: Sibiu, 2010.
23: The last Dacia 1300/1400 today are generally in deplorable condition. Photo: Cluj-Napoca, 2017.

17 : Škoda S100, plutôt rare en Roumanie. Photo : Sibiu, 2010.
18 : Son ancêtre plus élégante : la Škoda 1000MB. Photo : Timişoara, 2009.
19 : La dernière variante de la Dacia 1400, produite entre 1989 et 2004. Photo : Bucarest, 2013.
20, 21 : Dacia 1300 break à Bucarest et sur un timbre. Photo : 2013.
22 : Škoda S100, vue de l'arrière. Photo : Sibiu, 2010.
23 : Les dernières Dacia 1300/1400 se trouvent aujourd'hui généralement dans un état déplorable. Photo : Cluj-Napoca, 2017.

22

23

23: Die letzten Dacia 1300/1400 befinden sich heute überwiegend in erbärmlichem Zustand. Foto: Cluj-Napoca, 2017.

24: Kuriose Straßenszene mit Antonov An-2 als Dekorationsobjekt im Sektor 2 von Bukarest. Die An-2 ist der weltgrößte Mehrzweck-Doppeldecker mit Sternmotor, gebaut in über 15 000 Exemplaren. Foto: 2013.
25: Briefmarke mit Dacia 1300, dem rumänischen Volksauto.
26: Blick aus dem Zug zwischen Arad und Oradea: überall Dacia 1300. Foto: Sântana, 2009.
27: Autos mit platten Reifen gehören in Rumänien zum Stadtbild. Foto: Timişoara, 2009.
28: Dacia und Traktor vor ärmlichem Bauernhof an der Bahnstrecke. Foto: bei Caransebeş, 2009.

24: Odd street scene with an Antonov An-2 as a decorative objet in the district 2 of Bucharest. The An-2 is the worldwide largest multi-purpose biplane with radial engine, with over 15 000 built. Photo: 2013.
25: Stamp with a Dacia 1300, the Romanian "people's car".
26: View from the train between Arad and Oradea: Dacia 1300 everywhere. Photo: Sântana, 2009.
27: Cars with flat tires are a common sight in Romanian city life. Photo: Timişoara, 2009.
28: A Dacia and a tractor in front of a shabby farm building near the railway tracks. Photo: near Caransebeş, 2009.

24 : Une scène de rue étrange avec un Antonov An-2 en objet de décoration dans le secteur 2 de Bucarest. L'An-2 est le plus grand biplan polyvalent à moteur en étoile au monde, produit à plus de 15 000 exemplaires. Photo : 2013.
25 : Timbre avec la Dacia 1300, la voiture populaire roumaine.
26 : Vue du train entre Arad et Oradea : des Dacia 1300 un peu partout. Photo : Sântana, 2009.
27 : Les voitures aux pneus dégonflés n'étonnent plus personne dans les rues roumaines. Photo : Timişoara, 2009.
28 : Une Dacia et un tracteur devant une modeste ferme le long du chemin de fer. Photo : près de Caransebeş, 2009.

24

25

26

27

28

29: Als Pickup wurden die Dacia-Modelle noch bis 2006 hergestellt. Foto: Timişoara, 2009.
30: Dacia Drop Side mit spezieller Ladefläche; man beachte das Reserverad auf dem Dach! Foto: Sibiu, 2010.
31: Dacia-Autos waren in der Überzahl, aber es gab auch andere Modelle, z.B. Škoda 105/120/130. Foto: Timişoara, 2009.
32: Škoda 120L der ersten Generation (Ende 1970er Jahre). Foto: Sibiu, 2010.
33, 34: Verschiedene Škoda 120L der ersten Generation. Fotos: Bukarest, 2013.

29: Until 2006 the Dacia models were produced as pickup versions. Photo: Timişoara, 2009.
30: A Dacia Drop Side with special loading area and a noticeable spare wheel on the roof! Photo: Sibiu, 2010.
31: The Dacia cars were in the majority but there were also other models, such as the Škoda 105/120/130. Photo: Timişoara, 2009.
32: A Škoda 120L of the first generation (end of the 1970s). Photo: Sibiu, 2010.
33, 34: Different Škoda 120L of the first generation. Photos: Bucharest, 2013.

29

30

31

32

33

29 : Les versions pickup des modèles Dacia ont été produites jusqu'en 2006. Photo : Timişoara, 2009.
30 : Dacia Drop Side à benne spéciale ; noter la roue de secours sur le toit ! Photo : Sibiu, 2010.
31 : La plupart des voitures sont des Dacia, mais il existe aussi d'autres modèles comme la Škoda 105/120/130. Photo : Timişoara, 2009.
32 : Škoda 120L de première génération (fin des années 1970). Photo : Sibiu, 2010.
33, 34 : Différentes Škoda 120L de la première génération. Photos : Bucarest, 2013.

34

35: Dacia 1300 in siebenbürgischer Umgebung. Foto: Sibiu, 2010.
36-38: Nur knapp 24 000mal gebaut: Škoda Rapid 130, gebaut 1984 bis 1990. Der Heckmotor dieses seltsamen Coupés leistete 62 PS, aber es gab ab 1985 bereits ein 5-Gang-Getriebe. Foto: Bukarest, 2013.
39: Ein einsamer Wartburg 353 rostet auf einem Abbruchgelände vor sich hin. Foto: Bukarest, 2013.

35: A Dacia 1300 in a Transylvanian environment. Photo: Sibiu, 2010.
36-38: Produced only about 24 000 times: the Škoda Rapid 130, built from 1984 to 1990. The rear engine of this strange coupé produced 62 hp, but from 1985 onwards, a 5-speed gearbox was already available.
Photo: Bucharest, 2013.
39: A solitary Wartburg 353 is rusting away in a demolition yard.
Photo: Bucharest, 2013.

35

36

37

38

35 : Dacia 1300 en Transylvanie. Photo : Sibiu, 2010.
36-38 : Une production limitée à seulement 24 000 exemplaires : Škoda Rapid 130, produite de 1984 à 1990. Le moteur arrière de cet étrange coupé développe 62 ch, mais il était équipé d'une boîte à cinq vitesses dès 1985. Photo : Bucarest, 2013.
39 : Une Wartburg 353 abandonnée à la rouille sur un terrain vague. Photo : Bucarest, 2013.

39

40

40: Üppige Auslage bei einem Vorort-Optiker... Foto: Timişoara, 2009.
41-44: Auch der Trabant 601 kam auf rumänischen Straßen vor. Alle Fotos: Sibiu, 2010.
45: Dacia 1400 als Ambulanzwagen. Foto: Cluj-Napoca, 2017.
46: Dacia 1307 Double Cab, gebaut 1992 bis 2006. Am hinteren Türausschnitt erkennt man den verlängerten Radstand. Der Aufbau ist eine optische Zumutung. Das Fahrzeug steht aufgegeben am Straßenrand. Foto: Bukarest, 2013.
47: Zeitgemäßer war der ab 1995 gebaute Dacia Nova, dessen letzte Bauserie (2003 bis 2005) Solenza hieß. Er hat bereits die Form des Nachfolgers Logan, der wiederum eine sehr große Verbreitung fand. Foto: Bukarest, 2013.

40: A lavish shop window of a suburban optician... Photo: Timişoara, 2009.
41-44: The Trabant 601 was also present on Romanian streets.
All Photos: Sibiu, 2010.
45: A Dacia 1400 ambulance.
Photo: Cluj-Napoca, 2017.
46: A Dacia 1307 Double Cab, built from 1992 to 2006. The extended wheelbase is recognizable at the rear door cutout. The vehicle was left abandoned on the side of the road.
Photo: Bucharest, 2013.
47: The Dacia Nova, built from 1995 onwards, was more modern; the last series (built from 2003 to 2005) was called Solenza. It already had the shape of its successor Logan which then again achieved a wide distribution. Photo: Bucharest, 2013.

41

45

42

46

43

44

40 : La vitrine bien fournie d'un opticien de banlieue...
Photo : Timişoara, 2009.
41-44 : Même la Trabant 601 était présente sur les routes de Roumanie.
Toutes les photos : Sibiu, 2010.
45 : Dacia 1400 en ambulance.
Photo : Cluj-Napoca, 2017.
46 : Dacia 1307 Double Cab, produite entre 1992 et 2006. Les contours de la portière arrière permettent de reconnaître l'empattement allongé. La structure sur la benne est un supplice pour les yeux. Le véhicule est abandonné au bord d'une route.
Photo : Bucarest, 2013.
47 : La Dacia Nova, produite à partir de 1995, était plus moderne. La dernière série (de 2003 à 2005) était dénommée Solenza. Elle possède déjà la forme de son successeur, la Logan, qui a connu un très grand succès. Photo : Bucarest, 2013.

47

48: Mediaş – ein typisch siebenbürgisches Stadtbild. Am Ort gibt es eine bedeutende ungarische und eine deutsche Minderheit. Foto: 2010.
49, 51: Trotz landeseigener Busfabrikation (DAC, Rocar, Roman) tauchten bei den rumänischen Verkehrsbetrieben immer mehr Ikarus 260/280 auf. Ein großer Teil kam mit hoher Wahrscheinlichkeit aus DDR-Beständen. Fotos: Timişoara, 2009.
50: Postamt am Nordbahnhof in Bukarest. Foto: 2013.

48

49

50

48: Mediaş – image of a typical Transylvanian town. There is a significant minority of Hungarians and Germans. Photo: 2010.
49, 51: Despite local bus production (DAC, Rocar, Roman) more and more Ikarus 260/280 emerged within the Romanian transport services. A large part most probably came from GDR stock. Photos: Timişoara, 2009.
50: Post office at the Bucharest North railway station. Photo: 2013.

48 : Mediaş – une ville typique de Transylvanie. Elle compte une importante minorité hongroise et allemande. Photo : 2010.
49, 51 : Malgré la production de bus nationale (DAC, Rocar, Roman), les sociétés de transport roumaines ont de plus en plus eu recours à des Ikarus 260/280. Une grande partie provenait certainement des stocks de RDA. Photos : Timişoara, 2009.
50 : Bureau de poste dans la gare du nord de Bucarest. Photo : 2013.

51

52

53

54

55

52: Dreifarbig lackierter und in gutem Zustand befindlicher Ikarus 260. Foto: Timişoara, 2009.
53: Importverbote der 1980er Jahre führten zum Bau eines rumänischen Stadtbusses. Verarbeitung und Ausstattung waren miserabel. Von der Obus-Version DAC Rocar 212E sind gleichwohl noch einzelne Fahrzeuge im Einsatz. Foto: Cluj-Napoca, 2017.
54: Briefmarke mit Tudor Vladimirescu TV12M, gebaut ab 1973.
55: Lastwagen von MAN liefen in Rumänien unter dem Namen ROMAN vom Band.
56: Im Bahnhof Timişoara. Foto: 2009.
57: Malaxa-Dieseltriebwagen, gebaut 1939 bis 1954; CFR-Klasse 78. Foto: Arad, 2009.
58: Zweifarbig lackiert, aber abgewirtschaftet; weiterer Ikarus 260. Foto: Timişoara, 2009.

52: A three-coloured Ikarus 260 in good condition. Photo: Timişoara, 2009.
53: The import bans in the 1980s lead to the construction of a Romanian city bus. The processing and furnishing was miserable, some trolleybuses type DAC Rocar 212E are nevertheless still in service. Photo: Cluj-Napoca, 2017.
54: Stamp with a Tudor Vladimirescu TV12M, built from 1973 onwards.
55: MAN trucks came off the production line in Romania under the name ROMAN.
56: At the Timişoara train station. Photo: 2009.
57: A Malaxa railcar, built from 1939 to 1954; CFR class 78. Photo: Arad, 2009.
58: Bicolour coated, but run-down: another Ikarus 260. Photo: Timişoara, 2009.

5

57

58

52 : Ikarus 260 à trois teintes et en bon état. Photo : Timişoara, 2009.
53 : Les interdictions d'importation dans les années 1980 ont entraîné la production d'un bus de ville roumain. La finition et l'équipement étaient misérables. Pourtant, certains exemplaires de la version trolleybus du DAC Rocar 212E sont toujours en circulation. Photo : Cluj-Napoca, 2017.
54 : Timbre représentant un Tudor Vladimirescu TV12M, produit dès 1973.
55 : Les camions MAN sortaient des usines roumaines sous le sigle ROMAN.
56 : Dans la gare de Timişoara. Photo : 2009.
57 : Autorail diesel Malaxa, construit de 1939 à 1954 ; classe CFR 78. Photo : Arad, 2009.
58 : En deux couleurs mais usé ; un autre Ikarus 260. Photo : Timişoara, 2009.

59

60

61

59: The regional tram Sibiu-Răşinari operated until 2011, in the end with old wagons from Geneva. Photo: Răşinari, 2010.
60: A Roman SR-131 at the fire station of Băile Herculane. Photo: 2009.
61: A public or rather open telephone. Photo: Sibiu, 2010.

59 : Le tramway Sibiu-Răşinari circulait jusqu'en 2011, à la fin avec des wagons en provenance de Genève. Photo : Răşinari, 2010.
60 : Roman SR-131 des pompiers de Băile Herculane. Photo : 2009.
61 : Téléphone public sans cabine. Photo : Sibiu, 2010.

59: Die Überlandbahn Sibiu-Răşinari verkehrte bis 2011, zuletzt mit alten Waggons aus Genf. Foto: Răşinari, 2010.
60: Roman SR-131 bei der Feuerwache von Băile Herculane. Foto: 2009.
61: Öffentliches bzw. offenes Telefon. Foto: Sibiu, 2010.

1

BULGARIEN
BULGARIA
LA BULGARIE

Balkan und Schwarzes Meer
The Balkans and the Black Sea
Les Balkans et la mer Noire

2

3

Einst besonders eng mit der Sowjetunion verbunden. Heute wirtschaftliches Schlusslicht der EU. Immer noch bedeutender Agrarsektor (Sonderkulturen Tabak, Rosenöl). Einziges EU-Land mit kyrillischer Schrift. Osmanische Architekturdenkmäler. Badestrand Osteuropas. Zaghafter Tourismus im Binnenland (Sofia, Rila-Kloster, alte Hauptstadt Veliko Tarnovo). Wintersport in den Rhodopen. Transit in die Türkei. Sensible Außengrenze der EU. Schwieriges Verhältnis zum Nachbarn Makedonien. Bescheidene Fahrzeugproduktion der Marken Čavdar und Balkancar.

1: Autokennzeichen aus Dobrič, noch ohne EU-Sternenkreis.
2: Historische Architektur in Melnik. Foto: 1981.
3: Unterwegs: ein ZIL-130 inmitten von Schafen. Foto: 1981.
4: Kommunistische Politiker der UdSSR (links) und Bulgariens (rechts). Davor ein GAZ-24 Volga als Funktionärslimousine. Foto: Sofia, 1981.
5: GAZ-21 Volga vor dem Portal des berühmten Rila-Klosters. Foto: 1981

Once particularly closely connected with the Soviet Union. Today at the bottom of the EU's economic scale. Still an important agrarian sector (special cultivations such as tobacco and rose oil). The only EU country with Cyrillic script. Ottoman architecture monuments. The beach of Eastern Europe. Hesitant inland tourism (Sofia, the Rila Monastery, the former capital of Veliko Tarnovo). Winter sports in the Rhodope Mountains. Transit to Turkey. Sensitive external EU border. Difficult relationship to the neighbor Macedonia. A modest vehicle production of the brands Čavdar and Balkancar.

1: Number plate from Dobrič, still without EU star circle.
2: Historical architecture in Melnik. Photo: 1981.
3: Out and about: a ZIL-130 in the middle of sheep. Photo: 1981.
4: Communist politicians of the USSR (on the left) and Bulgarian ones (on the right). In front a GAZ-24 Volga, as a limousine for high-ranking officials. Photo: Sofia, 1981.
5: A GAZ-21 Volga in front of the gates of the famous Rila Monastery. Photo: 1981.

Autrefois, un pays très lié à l'Union soviétique. Aujourd'hui, la lanterne rouge économique de l'UE. Un secteur agricole toujours important (cultures spéciales comme le tabac, l'huile de rose). Le seul pays de l'UE à écriture cyrillique. Des monuments architecturaux ottomans. Les plages de baignade d'Europe de l'Est. Un tourisme peu développé dans les terres (Sofia, monastère de Rila, l'ancienne capitale Veliko Tarnovo). Sports d'hiver dans les Rhodopes. Transit vers la Turquie. Frontière extérieure sensible de l'UE. Un rapport difficile avec son voisin la Macédoine. Faible production de véhicules des marques Čavdar et Balkancar.

1 : Plaque d'immatriculation de Dobrič, qui ne porte pas encore le cercle d'étoiles européen.
2 : Architecture historique à Melnik. Photo : 1981.
3 : Croisé sur la route : un ZIL-130 au milieu d'un troupeau de moutons. Photo : 1981.
4 : Des politiciens communistes de l'URSS (à gauche) et de Bulgarie (à droite). Devant, une GAZ-24 Volga comme berline de fonctionnaire. Photo : Sofia, 1981.
5 : GAZ-21 Volga devant le portail du fameux monastère de Rila. Photo : 1981.

4

5

1

ALBANIEN
ALBANIA
L'ALBANIE

Vierzig Jahre Isolation
Forty years of isolation
Quarante ans d'isolation

2

3

Sonderfall in Osteuropa. Ein stalinistisches Regime brach mit der Sowjetunion und wandte sich vorübergehend China zu. Völlige Abschottung des Landes. Armenhaus Europas. Viele Landstraßen ohne Asphalt. Eisenbahn auf Dritte-Welt-Niveau. Zusammenbruch der staatlichen Ordnung 1997. Politische Konsolidierung und Hinwendung zur EU. Trotz großer Anstrengungen immer noch miserable Infrastruktur, gravierende Umweltverschmutzung. Vor 1990 verkehrten ältere Lkw und Busse aus der ČSSR, Italien und China. Privatautos waren verboten. Heute hoher (Alt-) Mercedes-Bestand.

A special case in Eastern Europe. A Stalinist regime which broke off with the Soviet Union and temporarily turned to China. A complete isolation of the country, the poorhouse of Europe. Many roads without asphalt. The railway trains in third world condition. Breakdown of the state order in 1997. Political consolidation and focus on the EU. In spite of big efforts still a poor infrastructure; serious environmental pollution. Before 1990, older trucks and buses from the ČSSR, Italy and China were operated. Private cars were prohibited. Today a large number of (old) Mercedes.

Un cas à part en Europe de l'Est. Un régime stalinien en rupture avec l'Union soviétique, tourné pendant un temps vers la Chine. Isolation complète du pays. L'hospice social de l'Europe. De nombreuses routes non goudronnées. Un système ferroviaire digne des pays du tiers-monde. Effondrement de l'ordre étatique en 1997. Consolidation politique et orientation vers l'UE. Malgré de nombreux efforts, l'infrastructure reste misérable et l'environnement est pollué. Avant 1990, camions et bus provenaient de la ČSSR, d'Italie et de Chine. Les véhicules particuliers étaient interdits. Aujourd'hui, de nombreuses (vieilles) Mercedes.

1: Autokennzeichen aus Durrës in der 2002 bis 2011 ausgegebenen Version.
2: Plakat der albanischen Eisenbahn (HSH); völlig unrealistische Selbstdarstellung. Foto: 2008.
3: Die Ein- und Ausreise war Jahrzehnte lang kaum möglich. Foto: bei Shkodra, 2008.

1: Number plate of Durrës in the version distributed from 2002 to 2011.
2: A poster of the Albanian railway company (HSH); a totally unrealistic self-portrayal. Photo: 2008.
3: For decades, it was hardly possible to enter or exit the country. Photo: near Shkodra, 2008.

1 : Plaque d'immatriculation de Durrës dans la version délivrée de 2002 à 2011.
2 : Affiche de la société albanaise des chemins de fer (HSH) ; une autoreprésentation totalement irréaliste. Photo : 2008.
3 : Pendant des décennies il était presque impossible d'entrer ou de sortir du pays. Photo : près de Shkodra, 2008.

4: Stadtbus Karosa B731; möglicherweise aus Prag übernommen. Foto: Tirana, 2008.
5: Škoda 706RT; diese Baureihe war schon im sozialistischen Albanien häufig zu sehen. Foto: Shkodra, 2008.
6: Der Skanderberg-Platz in Tirana. Einmalig in Europa dürften die großen Dreirad-Transporter sein, vermutlich aus China importiert. Foto: 2008.

4

5

6

4: Citybus Karosa B731; most probably taken over from Prague. Photo: Tirana, 2008.
5: A Škoda 706RT; this series was already often seen in the socialist Albania. Photo: Shkodra, 2008.
6: The Skanderbeg Square in Tirana. Unique in Europe are these big 3-wheel vans, most probably imported from China. Photo: 2008.

4 : Bus de ville Karosa B731 ; probablement en provenance de Prague. Photo : Tirana, 2008.
5 : Škoda 706RT ; ce modèle était déjà fréquent en Albanie pendant le régime socialiste. Photo : Shkodra, 2008.
6 : La place de Skanderbeg à Tirana. Ces grandes fourgonnettes à trois roues sont certainement uniques en Europe, probablement importées de Chine. Photo : 2008.

1

MAKEDONIEN MACEDONIA LA MACÉDOINE

Ein Staat sucht seine Identität
A state in search of its identity
Un État en quête d'identité

2

3

Südlichste Teilrepublik des früheren Jugoslawiens. Eines der ärmsten Länder Europas. Provisorischer Name FYROM (Former Yugoslav Republic of Macedonia) wegen Namensstreites mit Griechenland. EU-Beitritt unsicher. Politik forciert Rückbesinnung auf Antike. Ein marodes Land verpulvert Unsummen für nationalistische Monumentalbauten. War Alexander der Große ein Slawe? Große albanische Minderheit meldet sich zu Wort. Infrastruktur auf miserablem Niveau. Armut auf dem Lande unübersehbar. Im Straßenverkehr noch viele Altfahrzeuge aus jugoslawischen Fabriken.

1: Autokennzeichen aus Kumanovo. Seit 2012 werden nur noch vierstellige Zahlen vergeben, außerdem gibt es nun links einen blauen Balken mit dem Landeskürzel MK.
2: Die Flagge soll Identität stiften und ist deswegen allgegenwärtig. Hier auf dem Staatstheater am Vardar-Ufer. Foto: Skopje, 2013.
3: Ein Bekenntnis zur Heimat? Oder Hingucker für Touristen?

The southernmost republic of the former Yugoslav federation. One of the poorest countries in Europe. The provisional name FYROM (Former Yugoslav Republic of Macedonia) was given because of the name dispute with Greece. Entry into the EU uncertain. The government forces the historical affiliation with ancient times. An ailing country which spends enormous sums on nationalistic monumental structures. Was Alexander the Great a Slav? A big Albanian minority speaks out. The infrastructure has a deplorable standard. The poverty in the country is enormous. On the streets, still a lot of old vehicles from Yugoslavian factories.

1: A number plate from Kumanovo. Since 2012 only 4-digit codes are distributed as well as the blue sticker on the left with the country abbreviation MK.
2: The flag is meant to create an identity and therefore is present everywhere. Here on the roof of the National Theatre on the banks of the Vardar river. Photo: Skopje, 2013.
3: A commitment to the country? Or an eye-catcher for tourists?

La république la plus au sud de l'ex-Yougoslavie. Un des pays les plus pauvres d'Europe. Nom provisoire d'ARYM (Ancienne république yougoslave de Macédoine) en raison d'un litige avec la Grèce concernant le nom. Adhésion à l'UE incertaine. La politique s'efforce à créer un lien avec l'histoire ancienne du pays. Un pays vétuste gaspille des sommes insensées pour de monumentales constructions nationalistes. Alexandre le Grand était-il un Slave ? Une grande minorité albanaise fait entendre sa voix. L'infrastructure est à niveau misérable. La pauvreté est omniprésente dans le pays. Sur les routes, de nombreux anciens véhicules des usines yougoslaves.

1 : Plaque d'immatriculation de Kumanovo. Depuis 2012 sont distribués uniquement les numéros à quatre chiffres, et la partie gauche de la plaque présente une barre bleue avec le code pays MK.
2 : Le drapeau doit fédérer une identité, et il est donc visible un peu partout. Ici il flotte sur le théâtre national au bord du Vardar. Photo : Skopje, 2013.
3 : Un engagement envers la patrie ? Ou un attrape-touristes ?

4: Als der Zastava 750 noch das jugoslawische Volksauto war. Foto: Skopje, 1986.
5: FAP-1314, gebaut 1962 bis 1994. Jugoslawische Lizenzproduktion eines Saurer-Lkw. Foto: Skopje, 2013.

4: When the Zastava 750 still was the Yugoslavian "people's car". Photo: Skopje, 1986.
5: FAP-1314, built from 1962 to 1994. Yugoslavian licence of a Saurer truck. Photo: Skopje, 2013.

4 : À une époque où la Zastava 750 était encore la voiture populaire yougoslave. Photo : Skopje, 1986.
5 : FAP-1314, construit de 1962 à 1994. Production sous licence yougoslave d'un camion Saurer. Photo : Skopje, 2013.

4

5

6

6: Nach dem verheerenden Erdbeben von 1963 entstanden trostlose Betonklötze. Foto: Skopje, 1976.
7-10: Der Zastava 750 (genannt Fićo) ist in den ärmeren Regionen ex-Jugoslawiens heute noch vielfach zu sehen. Der Kleinstwagen wurde von 1955 bis 1985 als Lizenzbau des Fiat 600 in Serbien hergestellt. Der Heckmotor leistete 25, später 32 PS bei einem Fahrzeug-Leergewicht von gut 600 kg. Fotos: Skopje, 2013.

6: After the devastating earthquake in 1963, miserable cement buildings were built. Photo: Skopje, 1976.
7-10: The Zastava 750 (called Fićo) is often still seen in the poorer regions of Ex-Yugoslavia. This mini car was built in Serbia from 1955 to 1985 as a licence production of the Fiat 600. The rear engine achieved up to 25 hp and later 32 hp for a net weight of about 600 kg. Photos: Skopje, 2013.

7

8

9

6 : Le terrible tremblement de terre de 1963 a fait apparaître de tristes blocs de béton. Photo : Skopje, 1976.
7-10 : La Zastava 750 (surnommée Fićo) est toujours bien présente dans les régions les plus pauvres d'ex-Yougoslavie. La petite voiture a été produite en Serbie de 1955 à 1985 comme licence de la Fiat 600. Le moteur arrière développait 25, puis 32 ch, pour un véhicule d'un poids à vide de 600 kg. Photos : Skopje, 2013.

10

11: Original Zastava-Schriftzug auf einer Motorhaube.
12: Insbesondere auf dem Lande ist der Zastava 750 noch verbreitet. Foto: am Ohridsee, 2013.
13: Zastava 750 im Stadtverkehr von Skopje. Foto: 2013.
14: Zastava 750 (gelb) und sein Nachfolger 101/Skala auf Basis des Fiat 128. Foto: Skopje, 2013.
15: Kleintransport-Trike im Basarviertel von Skopje. Foto: 2013.
16: Noch eine Heckansicht des Zastava 750. Foto: Skopje, 2013.
17: Zastava 750 im Reparaturmodus. Foto: Ohrid, 2013.

11

12

13

14

11: An original Zastava logo on a bonnet.
12: The Zastava 750 can still often be seen in the countryside. Photo: at the Ohrid Lake, 2013.
13: A Zastava 750 in the Skopje city traffic. Photo: 2013.
14: A Zastava 750 (yellow) and its successor 101/Skala based on the Fiat 128. Photo: Skopje, 2013.
15: Small utility tricycle in the bazaar quarter of Skopje. Photo: 2013.
16: Another rear view of the Zastava 750. Photo: Skopje, 2013.
17: Zastava 750 in repair mode. Photo: Ohrid, 2013.

15

11 : Emblème Zastava d'origine sur un capot moteur.
12 : C'est surtout à la campagne que l'on croise un grand nombre de Zastava 750. Photo : au bord du lac d'Ohrid, 2013.
13 : Zastava 750 dans les rues de Skopje. Photo : 2013.
14 : Zastava 750 (jaune) et son successeur, la 101/Skala basée sur la Fiat 128. Photo : Skopje, 2013.
15 : Petit trois-roues utilitaire dans le quartier du bazar de Skopje. Photo : 2013.
16 : L'arrière d'une autre Zastava 750. Photo : Skopje, 2013.
17 : Zastava 750 en réparation. Photo : Ohrid, 2013.

16

17

18: Selten sieht man andere Ostblockautos, z.B. Škoda 105. Foto: Skopje, 2013.
19: Ein vereinzelter Moskvič am Straßenrand. Foto: Skopje, 2013.
20: Olympias und Philipp II. mit Sohn Alexander dem Großen als Kind – Skulptur-Brunnen im Zentrum von Skopje. Foto: 2013.
21: Wartburg 353 als Pickup mit Taxischild. Foto: Skopje, 1986.
22: Zastava Poly, die Pickup-Version des Zastava 101/Skala. Foto: Skopje, 2013.
23: Škoda 105/120/130 aus der Bauzeit 1984 bis 1990. Foto: Skopje, 2013.
24: Škoda 120L aus früheren Baujahren. Foto: Ohrid, 2013.

18: Rarely one can observe other cars of the Eastern Bloc such as a Škoda 105. Photo: Skopje, 2013.
19: An isolated Moskvič on the side of the road. Photo: Skopje, 2013.
20: Olympias and Philip II with their son Alexander the Great as a child – a sculpture fountain in the centre of Skopje. Photo: 2013.
21: A Wartburg 353 pickup with a taxi sign. Photo: Skopje, 1986.
22: Zastava Poly, the pickup version of the Zastava 101/Skala. Photo: Skopje, 2013.
23: A Škoda 105/120/130, produced from 1984 to 1990. Photo: Skopje, 2013.
24: A Škoda 120L from earlier model years. Photo: Ohrid, 2013.

18 : Les autres voitures du bloc de l'Est sont plutôt rares, comme la Škoda 105. Photo : Skopje, 2013.
19 : Une Moskvič isolée en bord de route. Photo : Skopje, 2013.
20 : Olympie et Philippe II avec leur fils Alexandre le Grand en enfant – sculpture d'une fontaine au centre de Skopje. Photo : 2013.
21 : Wartburg 353 en version pickup avec un signe de taxi. Photo : Skopje, 1986.
22 : Zastava Poly, la version pickup de la Zastava 101/Skala. Photo : Skopje, 2013.
23 : Škoda 105/120/130 de la période de 1984 à 1990. Photo : Skopje, 2013.
24 : Škoda 120L des premières années de production. Photo : Ohrid, 2013.

18

19

20

21

22

23

24

25

26

27

28

25: Brunnen der „Mütter von Makedonien" – weiteres Monument in Skopje. Foto: 2013.
26: Ein paar Schritte weiter ist die Armut unübersehbar.
Foto: Skopje, 2013.
27: Gelangweilte Markthändler auf einem Žiguli 1400 alias Lada Nova.
Foto: Skopje, 2013.
28: Ungepflegter Škoda 105.
Foto: Skopje, 2013.

25: Fountain of the "mothers of Macedonia" – another monument in Skopje. Photo: 2013.
26: A few steps away, the obvious poverty. Photo: Skopje, 2013.
27: Bored market sellers on a Žiguli 1400 alias Lada Nova.
Photo: Skopje, 2013.
28: A neglected Škoda 105.
Photo: Skopje, 2013.

25 : Fontaine des « mères de la Macédoine » – un autre monument de Skopje. Photo : 2013.
26 : Quelques pas plus loin, la pauvreté saute aux yeux. Photo : Skopje, 2013.
27 : Un groupe de commerçants du marché s'ennuie sur une Žiguli 1400, alias Lada Nova. Photo : Skopje, 2013.
28 : Une Škoda 105 dans son jus.
Photo : Skopje, 2013.

29: Abenteuerliche Transportmittel gehören zum Straßenbild. Foto: Skopje, 2013.
30: In Jugoslawien bei Cimos hergestellt: Citroën Acadiane als Pickup namens Geri. Foto: Skopje, 1986.
31: Auch der Renault 4 wurde in Jugoslawien montiert: von 1969 bis 1972 bei Litostroj, danach bei IMV und Revoz. Von den rund 600 000 Exemplaren sind immer noch etliche im Einsatz. Foto: Skopje, 2013.
32: Wahrscheinlich liefen auch diese Citroën Dyane und 2 CV einst in Jugoslawien vom Band. Foto: bei Ohrid, 2013.
33: Citroën Dyane von Cimos. Foto: bei Ohrid, 2013.
34: Lada 2107. Foto: Skopje, 2013.

29: Outlandish transport vehicles are part of the street life. Photo: Skopje, 2013.
30: Manufactured at Cimos in Yugoslavia: the Citroën Acadiane as a pickup version called Geri. Photo: Skopje, 1986.
31: Even the Renault 4 was assembled in Yugoslavia: from 1969 to 1972 at Litostroj, then at IMV and Revoz. From the approximately 600 000 copies built, quite a few are still in service. Photo: Skopje, 2013.
32: These Citroën Dyane and 2 CV probably also left the assembly line in Yugoslavia. Photo: near Ohrid, 2013.
33: A Citroën Dyane by Cimos. Photo: near Ohrid, 2013.
34: A Lada 2107. Photo: Skopje, 2013.

29 : Les moyens de transport les plus rudimentaires font partie du trafic. Photo : Skopje, 2013.
30 : Fabriquée en Yougoslavie, chez Cimos : une Citroën Acadiane en version pickup, dénommée Geri. Photo : Skopje, 1986.
31 : La Renault 4 a elle aussi été assemblée en Yougoslavie : de 1969 à 1972 par Litostroj, puis par IMV et Revoz. Des 600 000 exemplaires produits, un grand nombre est toujours en circulation. Photo : Skopje, 2013.
32 : Ces Citroën Dyane et 2 CV ont probablement elles aussi été assemblées en Yougoslavie. Photo : près d'Ohrid, 2013.
33 : Citroën Dyane produite par Cimos. Photo : près d'Ohrid, 2013.
34 : Lada 2107. Photo : Skopje, 2013.

30

29

31

32

33

34

35: Zastava 1300, gebaut 1961 bis 1981. Das Original war der Fiat 1300. Der Mercedes Kurzhauber der L-Baureihe stammt aus den frühen 1960er Jahren. Foto: Bitola, 2013.
36, 37: Zastava 101/Skala, gebaut 1971 bis 2008; ein Lizenz-Fiat 128 mit Heckklappe statt Stufenheck. Trotz schlechter Verarbeitungsqualität fand das einheimische Modell in Jugoslawien weite Verbreitung. Fotos: Skopje, 2013.
38: Kaum zu identifizieren, was da am Straßenrand steht. Foto: Skopje, 2013.
39: Lada 2107; auch ein Fiat-Abkömmling. In Jugoslawien spielte aber Zastava eine viel größere Rolle. Foto: Skopje, 2013.
40: Zastava 101 vor einem GAZ-24 Volga. Foto: Skopje, 2013.

35: A Zastava 1300, built from 1961 to 1981. The original version was the Fiat 1300. The short-nose Mercedes truck of the L series originates from the early 1960s. Photo: Bitola, 2013.
36, 37: Zastava 101/Skala, built from 1971 to 2008; a licenced Fiat 128 model with a hatchback instead of a notchback. Despite the bad manufacturing quality, this domestic model was widely distributed in Yugoslavia. Photos: Skopje, 2013.
38: Hard to tell what was abandoned on this roadside. Photo: Skopje, 2013.
39: Lada 2107; another Fiat offspring. Zastava, however, played a much bigger role in Yugoslavia. Photo: Skopje, 2013.
40: A Zastava 101 in front of a GAZ-24 Volga. Photo: Skopje, 2013.

35 : Zastava 1300, construite de 1961 à 1981. L'original était la Fiat 1300. Le camion à capot court Mercedes de la série L date du début des années 1960. Photo : Bitola, 2013.
36, 37 : Zastava 101/Skala, construite de 1971 à 2008 ; une licence de la Fiat 128 avec un coffre à hayon au lieu d'une malle arrière. Malgré la mauvaise qualité de finition, le modèle local a été très répandu en Yougoslavie. Photos : Skopje, 2013.
38 : Difficile d'identifier ce qui se trouve au bord de cette route. Photo : Skopje, 2013.
39 : Lada 2107 ; un autre rejeton de Fiat. Mais en Yougoslavie, c'est bien Zastava qui jouait le plus grand rôle. Photo : Skopje, 2013.
40 : Une Zastava 101 devant une GAZ-24 Volga. Photo : Skopje, 2013.

35

36

37

38

39

40

41

41: Schnappschuss auf dem Bazar. Foto: Skopje, 2013.
42-47: Ebenfalls ein jugoslawisches Produkt: Kleinlaster von TAM aus den 1970/80er Jahren. Je nach Motorleistung gab es die Untertypen 60, 75, 80. Sehr häufig sah man TAM 80T35 und 80T50 (letzte Doppelziffer gibt die Nutzlast an). Auch Kleinbusse, Kastenwagen und Doppelkabine waren im Programm. In den wirtschaftlich schwächeren Nachfolgestaaten Jugoslawiens werden die robusten Fahrzeuge immer noch geschätzt. Alle Fotos: Skopje, 2013, außer Nr. 42: Zadar, 2014.

41: A snapshot at the bazaar. Photo: Skopje, 2013.
42-47: Also a Yugoslavian product: a TAM pickup truck from the 1970s/80s. Depending on the engine power, the subtypes were called 60, 75 or 80. Widespread were the TAM 80T35 and the 80T50 (the last two digitals indicate the payload). Also minibuses, vans and double cabins were part of the program. In the economically weaker Yugoslavian successor states, the durable vehicles are still highly estimated. All photos: Skopje, 2013, except no. 42: Zadar, 2014.

42

43

44

45

46

41 : Moment instantané sur un bazar. Photo : Skopje, 2013.
42-47 : Un autre produit yougoslave : un camion léger TAM des années 1970/80. En fonction de la puissance du moteur, il existait les versions 60, 75, 80. Les modèles les plus fréquents étaient les TAM 80T35 et 80T50 (les deux derniers chiffres indiquent la charge utile). La gamme du constructeur comportait également de petits bus, des fourgons et des double-cabines. Dans les pays économiquement les plus faibles issus de la Yougoslavie, ces véhicules robustes sont toujours très prisés.
Toutes les photos : Skopje, 2013, sauf n° 42 : Zadar, 2014.

47

48: Flaggenparade in Skopje. Foto: 2013.
49: FAP 13 (Untertypen 1313, 1314, 1414) aus der serbischen Autofabrik Priboj. Etliche dieser typischen Lkw aus den 1960-80er Jahren sind noch auf Baustellen im Einsatz. Foto: Skopje, 2013.

48: A flag parade in Skopje. Photo: 2013.
49: FAP 13 (subtypes 1313, 1314, 1414) from the Serbian car manufacturer Priboj. Quite a few of these typical trucks from the 1960s until the 1980s are still in service on construction sites. Photo: Skopje, 2013.

48 : Marée de drapeaux à Skopje. Photo : 2013.
49 : FAP 13 (sous-types 1313, 1314, 1414) de la fabrique automobile serbe Priboj. Un grand nombre de ces camions typiques des années 1960-80 sont toujours utilisés sur les chantiers. Photo : Skopje, 2013.

48

49

50-52: Bazar- und Marktszenen aus Skopje. Die Stadt besitzt ein ausgedehntes historisches Viertel mit kleinen Läden, überdachten und offenen Verkaufsständen. Fotos: 2013.
53-54: Ziemlich unverwüstlich tun auch diese FAP 13 Kipplaster noch ihren Dienst. In anderen Teilen ex-Jugoslawiens sind sie längst verschwunden. Fotos: Skopje, 2013.

50

53

51

54

50-52: Scenes from the bazaar and the market of Skopje. The town has an extended historical district with small shops and open and covered market stalls. Photos: 2013.
53-54: These rather indestructible FAP 13 dump trucks are still in service. They have disappeared from other Ex-Yugoslavian countries. Photos: Skopje, 2013.

52

50-52 : Scènes de bazar et de marché à Skopje. La ville possède un grand quartier historique avec de petites boutiques et des échoppes couvertes et ouvertes. Photos : 2013.
53-54 : Increvables, ces camions benne FAP 13 sont toujours en service. Ils ont depuis longtemps disparus dans d'autres régions d'ex-Yougoslavie. Photos : Skopje, 2013.

55

56

55: Noch ein FAP 13, abgestellt in Struga. Der Lastwagen dürfte aus den 1960er Jahren stammen. Foto: 2013.
56: Das berühmte Kloster Sveti Naum an der Südseite des Ohridsees, nur wenige hundert Meter vor der albanischen Grenze. Foto: 2013.

55: Another FAP 13, parked in Struga. The truck must be from the 1960s. Photo: 2013.
56: The famous monastery Sveti Naum at the south-east side of Lake Ohrid, just a few hundred meters from the Albanian border. Photo: 2013.

55 : Un autre FAP 13, arrêté à Struga. Ce camion devrait dater des années 1960. Photo : 2013.
56 : Le fameux monastère de Sveti Naum dans le sud du lac d'Ohrid, à seulement quelques centaines de mètres de la frontière albanaise. Photo : 2013.

Doppelseite: Nahverkehr in Skopje. Neben einer riesigen Flotte moderner Doppeldecker (Nachbauten des Londoner Originals durch die chinesische Firma Yutong) sind noch viele Altfahrzeuge im Einsatz.
57-58: FAS Sanos S115 aus der Autobusfabrik in Skopje. Das Modell wurde überall in Jugoslawien eingesetzt.
59: Der serbische Bushersteller Ikarus (ab 1993 Ikarbus, zur Unterscheidung vom ungarischen Konkurrenten) lieferte diesen Gelenkbus IK-160, gebaut in den 1980er Jahren.
60: Bei FAS wurde auch der Mercedes O317 in Lizenz produziert.
61: Gelenkbus FAS Sanos S200.

57

58

59

60

Double page: Local transport in Skopje. Besides a large fleet of modern double-decker buses (reproductions of the original London ones built by the Chinese company Yutong), a lot of old models are still in service.
57-58: The FAS Sanos S115 from the bus factory in Skopje. This model was in service all over Yugoslavia.
59: The Serbian bus manufacturer Ikarus (since 1993 Ikarbus, to differentiate from the Hungarian competitor) delivered this articulated bus IK-160, built in the 1980s.
60: The Mercedes O317 was also produced under licence at FAS.
61: The FAS Sanos S200 articulated bus.

Double-page : transport local à Skopje. À côté de l'immense flotte de bus modernes à deux étages (copies du modèle londonien original produites par la société chinoise Yutong), un grand nombre de véhicules anciens sont toujours en activité.
57-58 : FAS Sanos S115 de la fabrique de bus automobiles de Skopje. Ce modèle a été utilisé à travers toute la Yougoslavie.
59 : Ce bus articulé IK-160 des années 1980 a été produit par le constructeur de bus serbe Ikarus (ou Ikarbus dès 1993, pour se démarquer de son concurrent hongrois).
60 : Chez FAS, le Mercedes O317 a également été produit sous licence.
61 : Bus articulé FAS Sanos S200.

61

62

63

62: MAN 890 mit veränderter Front, vermutlich im serbischen Ikarus-Werk hergestellt.
63 Der Ikarus IK-4 (ebenfalls aus Serbien) sollte wohl die deutschen Standardbusse der 1970er Jahre imitieren. Größere Stückzahlen waren in Belgrad und Bukarest anzutreffen.
Alle Fotos der Doppelseite: Skopje, 2013.

62: A MAN 890 with a modified front, presumably manufactured in the Serbian Ikarus factory.
63 The Ikarus IK-4 (also from Serbia) was supposed to imitate the German standard bus from the 1970s. Many units were used in Belgrade and Bucharest. All photos on the double page: Skopje, 2013.

62 : MAN 890 à l'avant modifié, probablement produit dans l'usine serbe d'Ikarus.
63 : L'Ikarus IK-4 (également originaire de Serbie) se voulait l'imitation des bus standards allemands des années 1970. Un grand nombre d'entre eux circulait à Belgrade et à Bucarest.
Toutes les photos de la double-page : Skopje, 2013.

1

MONTENEGRO
MONTENEGRO
LE MONTÉNÉGRO

Kleinstaat an der Adria
A small state on the Adriatic
Un petit État sur la côte adriatique

2

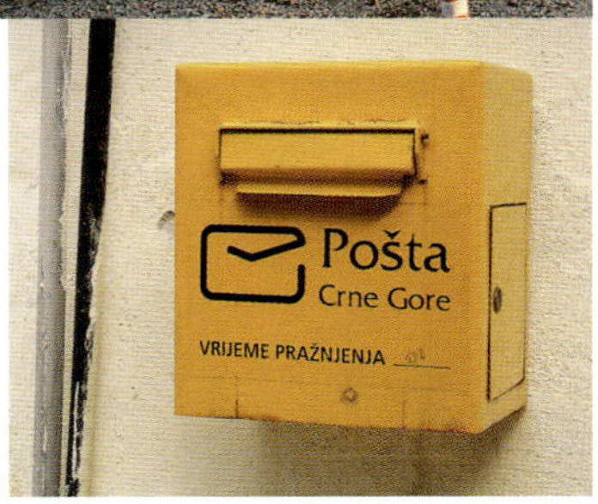

3

Crna Gora – Land der schwarzen Berge. Hochgebirge und buchtenreiche Küste mit reichlich Niederschlägen. Schwierige Verkehrssituation erfordert große Investitionen. Späte Trennung von Rest-Jugoslawien. Nur etwas mehr als 600 000 Einwohner. Vor Ort nur geringe Unterschiede zu Serbien. Ein Land ohne Währung, man zahlt einfach in Euro. Küstenorte profitieren von touristischer Tradition und werben um russische Immobilienkäufer. Stagnation im zerklüfteten Binnenland. NATO- und EU-Beitritt erregen den Zorn Russlands.

Crna Gora – the land of the Black Mountains. High mountains and coasts with many bays and plenty of rain. A difficult traffic situation requires big investments. A late separation from the rest of Yugoslavia. No more than 600 000 inhabitants. Locally very similar to Serbia. A country without a currency, one simply pays in euros. Seaside towns benefit from a touristic tradition and try to attract Russian property buyers. Stagnation in the rugged interior of the country. Joining NATO and EU makes Russia furious.

Crna Gora – la terre des Montagnes noires. De hautes montagnes et des côtes parsemées de baies avec d'importantes précipitations. Une situation routière difficile demande de grands investissements. Séparation tardive de ce qu'il restait de la Yougoslavie. Seulement un peu plus de 600 000 habitants. Sur place, les différences avec la Serbie sont minimes. Un pays sans devise, on paye simplement en euro. Les villes côtières profitent d'une tradition touristique et tentent d'attirer des investisseurs immobiliers russes. Stagnation dans le centre escarpé du pays. L'adhésion à l'OTAN et à l'UE attise la colère de la Russie.

1: Autokennzeichen aus der Hauptstadt Podgorica. Die Zeichenfolge ist dieselbe wie auf deutschen Schildern, aber die rote Plakette ist anders.
2: Škoda 120L in mediterraner Umgebung. Foto: Tivat, 2008.
3: Solider Blech-Briefkasten der montenegrinischen Post.
4: VAZ Lada 2105 in der Bucht von Kotor. Foto: Perast, 2008.

1: A number plate from the capital of Podgorica. The character sequence is the same as on German number plates, but the red sticker is different.
2: A Škoda 120L in a Mediterranean environment. Photo: Tivat, 2008.
3: A solid metal letterbox of the Montenegro post office.
4: A VAZ Lada 2105 in the Kotor Bay. Photo: Perast, 2008.

1 : Plaque d'immatriculation de la capitale Podgorica. La combinaison de caractères est la même que sur les plaques allemandes, mais la plaquette rouge est différente.
2 : Škoda 120L dans un environnement méditerranéen. Photo : Tivat, 2008.
3 : Boîte aux lettres solide en tôle de la poste monténégrine.
4 : VAZ Lada 2105 dans la baie de Kotor. Photo : Perast, 2008.

4

5: Zastava 1100TF, eine Lizenzproduktion des Fiat 1100T. Foto: Cetinje, 2008.
6: Ikarus IK-108 aus der serbischen Autobusfabrik (heute Ikarbus). Foto: Tivat, 2008.
7: FAP 1314 als Feuerwehrauto, daneben ein von Zastava gebauter Fiat bzw. Magirus der Z-Baureihe. Foto: bei Budva, 2008.

5: A Zastava 1100TF, a licence production of the Fiat 1100T. Photo: Cetinje, 2008.
6: An Ikarus IK-108 from the Serbian bus factory (Ikarbus today). Photo: Tivat, 2008.
7: A FAP 1314 as a fire engine alongside a Fiat, or rather a Magirus from the Z series built by Zastava. Photo: near Budva, 2008.

5 : Zastava 1100TF, une licence de la Fiat 1100T. Photo : Cetinje, 2008.
6 : Ikarus IK-108 des usines de bus automobiles serbes (aujourd'hui Ikarbus). Photo : Tivat, 2008.
7 : FAP 1314 en véhicule de pompiers, à côté une Fiat, ou plutôt une Magirus série Z construite par Zastava. Photo : près de Budva, 2008.

5

6

7

1

SERBIEN
SERBIA
LA SERBIE

Was von Jugoslawien blieb
What is left of Yugoslavia
Ce qu'il reste de la Yougoslavie

2

3

Das einstige Zentrum Jugoslawiens mit der Hauptstadt Belgrad. Nach militärischen Auseinandersetzungen heute ein Binnenstaat von bescheidenen Ausmaßen und wenig Einfluss. Belastete Beziehungen zu den Nachbarn Kosovo, Bosnien und Kroatien. Schwierige politische und wirtschaftliche Situation. Um Jahrzehnte zurückgeworfen. Historische Verbindungen zu Russland, andererseits verlockende EU-Beitrittsperspektive. Veraltete Industrien beliefern den Binnenmarkt, haben aber wenig Exportchancen. Fiat-Modelle unter dem Namen Zastava. Ikarbus statt Ikarus.

1: Serbisches Autokennzeichen in der seit 2011 verwendeten Form (SA steht für Senta; unter dem Wappen nochmals in kyrillischen Buchstaben).
2: Jugoslawische Relikte sind überall zu finden. Foto: Belgrad, 2009.
3: Die Landeswährung unterlag Anfang der 1990er Jahre einer rekordverdächtigen Inflation.
4: Ikarus IK-4 des serbischen Herstellers Ikarus (heute Ikarbus). Foto: Belgrad, 1976.

The former centre of Yugoslavia with the capital Belgrade. After armed conflicts, it is today a landlocked country of modest size and little influence. Stressed relationships with the neighbours Kosovo, Bosnia and Croatia. A difficult political and economical situation. Thrown back by decades. Historical connections with Russia, on the other hand a tempting EU entry perspective. An outdated industry supplies the domestic market, with little chances, however, for export trade. Fiat models were called Zastava. Ikarbus instead of Ikarus.

1: A Serbian number plate used since 2011 (SA stands for Senta; written in Cyrillic script under the coat of arms).
2: Yugoslavian relicts are found everywhere. Photo: Belgrade, 2009.
3: The national currency had a record-breaking inflation rate in the beginning of the 1990s.
4: The Ikarus IK-4 of the Serbian manufacturer Ikarus (today called Ikarbus). Photo: Belgrade, 1976.

L'ancien centre de Yougoslavie avec la capitale Belgrade. Après des affrontements militaires, c'est aujourd'hui un pays enclavé de taille modeste et ayant peu d'influence. Relations délicates avec ses voisins le Kosovo, la Bosnie et la Croatie. Situation politique et économique difficile. Accuse un retard de plusieurs dizaines d'années. Lien historique avec la Russie, mais des perspectives d'adhésion à l'UE alléchantes. Des industries désuètes alimentent le marché intérieur, mais les chances à l'export sont faibles. Modèles Fiat sous le nom Zastava. Ikarbus au lieu d'Ikarus.

1 : Plaque d'immatriculation serbe dans sa forme utilisée depuis 2011 (SA désigne Senta ; sous l'écusson, la même chose en lettres cyrilliques).
2 : On peut trouver des reliques yougoslaves un peu partout. Photo : Belgrade, 2009.
3 : Au début des années 1990, la devise du pays a connu une inflation record.
4 : Ikarus IK-4 du constructeur serbe Ikarus (aujourd'hui Ikarbus). Photo : Belgrade, 1976.

5: Zwei Elloks der Baureihe 441, basierend auf schwedischem Original. Foto: Belgrad, 2009.
6: Ikarus IK-111 der Verkehrsbetriebe Belgrad. Foto: 2009.
7: In Belgrad verkehrten viele russische ZIU-Obusse. Das abgebildete Fahrzeug wurde aus Athen übernommen und besitzt noch die dortige Lackierung. Foto: Belgrad, 2009.

5: Two electric locomotives from the 441 series based on a Swedish original. Photo: Belgrade, 2009.
6: An Ikarus IK-111 from the Belgrade transport services. Photo: 2009.
7: A lot of Russian ZIU trolleybuses were operated in Belgrade. The shown vehicle was imported from Athens and still displays the old colour coating. Photo: Belgrade, 2009.

5 : Deux locomotives électriques de la série 441, basées sur un modèle d'origine suédoise. Photo : Belgrade, 2009.
6 : Ikarus IK-111 de la régie des transports de Belgrade. Photo : 2009.
7 : De nombreux trolleybus ZIU russes circulaient à Belgrade. Le véhicule à l'image a été importé d'Athènes et en porte toujours les couleurs. Photo : Belgrade, 2009.

5

6

7

1

KROATIEN
CROATIA
LA CROATIE

Touristenziel im Südosten Europas
Tourist destination in the southeast of Europe
Destination touristique dans le sud-est de l'Europe

2

3

Venezianisches und habsburgisches Erbe, italienische Einflüsse. Ungünstiger Zuschnitt des Staatsgebietes. Endlose Adriaküste mit wenig Hinterland, zahllose Inseln, raues Karstgebirge, fruchtbare Pannonische Ebene. Autoput, Adria-Magistrale, Autofähren. Die Ära Tito – liberaler Sozialismus, befriedigendes Warenangebot, automobile Vielfalt auf den Straßen. Zerfall Jugoslawiens und kriegerischer Konflikt im Binnenland. Dalmatien und Istrien als traditionelles Zielgebiet für Touristen aus Ost und West. Verzögerte Aufnahme in die EU.

Venetian and Habsburgian heritage, Italian influence. Inconvenient cutout of the national territory. A never ending Adriatic coast with little hinterland, numerous islands, the rough Karst Plateau, a productive Pannonian Basin. Autoput, the Adriatic Highway, car ferries. The Tito era – a liberal socialism, satisfying product offers, a variety of vehicles on the streets. The dissolution of Yugoslavia and armed conflict in the centre. Dalmatia and Istria remain important destinations for tourists from the East and the West. Delayed admission into the EU.

Héritage vénitien et habsbourgeois, influences italiennes. Découpage défavorable du territoire national. Côte adriatique interminable avec un arrière-pays limité, d'innombrables îles, le Carso, la plaine de Pannonie fertile. Autoput, route magistrale de l'Adriatique, car-ferries. L'ère Tito – un socialisme libéral, une diversité de produits satisfaisante, diversité automobile sur les routes. Chute de la Yougoslavie et conflit militaire dans le centre du pays. La Dalmatie et l'Istrie restent des destinations importantes pour les touristes d'Est et d'Ouest. Admission retardée dans l'UE.

1: Autokennzeichen aus Šibenik. Erst Mitte 2016 wurde am linken Rand der blaue EU-Balken hinzugefügt. Momentan gibt es Pläne, die regionale Zuordnung der Schilder aufzugeben.
2: In der Altstadt von Zadar. Foto: 2014.
3: Die kroatische Flagge. Foto: Insel Šolta, 2016.
4: Ein Lastwagen des Typs FAP 13 kriecht das Karstgebirge hinauf. Foto: bei Gospić, 1978.

1: A number plate from Šibenik. Only since mid-2016 the blue EU sticker was added to the edge on the left. There are currently plans to abandon the regional classification of the number plates.
2: In the historical centre of Zadar. Photo: 2014.
3: The Croatian flag. Photo: Island of Šolta, 2016.
4: A truck of the FAP 13 series creeps up the Karst Plateau. Photo: near Gospić, 1978.

1 : Plaque d'immatriculation de Šibenik. La bande bleue de l'UE sur le bord gauche n'a été ajoutée qu'en 2016. On projette actuellement d'abandonner la classification régionale des plaques.
2 : Dans le centre historique de Zadar. Photo : 2014.
3 : Le drapeau croate. Photo : île de Šolta, 2016.
4 : Un camion de type FAP 13 monte péniblement le Carso. Photo : près de Gospić, 1978.

4

6

5

7

8

9

5: Zastava 850, die stärkere Version des Klassikers 750. Foto: Lovran, 2012.
6. Zastava 1300, gebaut 1961 bis 1979; inzwischen sehr selten geworden. Foto: bei Pula, 1985.
7, 8: Zastava 750, gebaut 1955 bis 1985; einst der Volkswagen des Westbalkans. Fotos: Lovran, 2012; Zadar, 2014.
9: Ein Zastava unter anderem Namen: Yugo Koral 45, gebaut 1981 bis 1999, später noch bis 2008. Foto: Insel Pag, 2014.

5: A Zastava 850, the more powerful version of the classic 750. Photo: Lovran, 2012.
6. A Zastava 1300, built from 1961 to 1979; rarely seen nowadays. Photo: near Pula, 1985.
7, 8: Zastavas 750, built from 1955 to 1985; at the time the "people's car" of the western Balkans.
Photos: Lovran, 2012; Zadar, 2014.
9: A Zastava with a different name: Yugo Koral 45, built from 1981 to 1999, and later until 2008. Photo: island of Pag, 2014.

5 : Zastava 850, la version plus puissante de la classique 750. Photo : Lovran, 2012.
6. Zastava 1300, produite de 1961 à 1979 ; devenue très rare aujourd'hui. Photo : près de Pula, 1985.
7, 8 : Zastava 750, construite entre 1955 et 1985 ; autrefois la voiture du peuple des Balkans de l'Ouest. Photos : Lovran, 2012 ; Zadar, 2014.
9 : Une Zastava sous un autre nom : Yugo Koral 45, produite de 1981 à 1999, puis jusqu'en 2008. Photo : île de Pag, 2014.

10: Zastava Skala als der übliche Polizeiwagen; technische Basis: der frühere Fiat 128. Foto: Vrboska, 1989.
11, 12: Zastava 750 als sportlich aufgemachtes Liebhaber-Fahrzeug mit Leichtmetallrädern und als Alltagsgefährt, vorne mit nicht originalem Stahlrad. Fotos: Insel Šolta, 2016.
13: Malerisch festgemachte Schiffe an der Uferstraße in Omiš. Foto: 2014.
14: Zastava 101/Skala an der historisch interessanten Friedhofskapelle von Beli. Foto: Insel Cres, 2006.

10: A Zastava Skala as the common police car; technically based on the older Fiat 128. Photo: Vrboska, 1989.
11, 12: Zastavas 750 here shown as a customized collector's item with alloy wheels and as an everyday vehicle with a non-original steel wheel in the front. Photos: Šolta island, 2016. ▶

10

11

12

▶ 13: Boats are tied up in a picturesque way next to the seaside road in Omiš. Photo: 2014.
14: A Zastava 101/Skala at the historically interesting cemetery chapel of Beli. Photo: Cres island, 2006.

13

14

10 : La Zastava Skala était répandue en tant que voiture de police ; base technique : la première Fiat 128. Photo : Vrboska, 1989.
11, 12 : Zastava 750 ; d'une part une voiture de collection préparée au look sportif avec des jantes en alliage, d'autre part un véhicule de tous les jours avec une jante en tôle non d'origine à l'avant. Photos : île de Šolta, 2016.
13 : Des bateaux aux amarres : une scène pittoresque sur la route côtière à Omiš. Photo : 2014.
14 : Zastava 101/Skala devant l'historique chapelle du cimetière de Beli. Photo : île de Cres, 2006.

15, 16: Kleinlaster des Typs TAM 80T35 sind fast nur im ehemaligen Jugoslawien anzutreffen. Der Hersteller im slowenischen Maribor fertigte neben Eigenkonstruktionen auch zahlreiche Magirus-Modelle in Lizenz. Fotos: Split, 2016; Dubrovnik, 2016.
17: TAM 80T35 in der relativ seltenen Ausführung mit Doppelkabine und verkürzter Pritsche. Foto: Pelješac, 2016.
18: TAM 5500 mit Seilwinde – vom Magirus Saturn kaum zu unterscheiden. Foto: Pelješac, 2016.
19: Auf den kleineren Inseln fahren noch zahlreiche ältere Autos. Ein aufgebockter Revoz-Renault 4 in Grohote. Foto: Insel Šolta, 2016.

15

16

17

18

19

15, 16: Pickup trucks of the type TAM 80T35 are found almost only in former Yugoslavia. The Slovenian producer based in Maribor manufactured numerous Magirus models under licence besides own designs.
Photos: Split, 2016; Dubrovnik, 2016.
17: A TAM 80T35 in a relatively uncommon version with double cabin and a shortened platform. Photo: Pelješac, 2016.
18: A TAM 5500 with a cable winch – hardly distinguishable from a Magirus Saturn.
Photo: Pelješac, 2016.
19: Numerous older cars are still driving on the smaller islands: a jacked-up Revoz-Renault 4 in Grohote. Photo: Šolta island, 2016.

15, 16 : Les camionnettes de type TAM 80T35 ne sont quasiment visible qu'en ex-Yougoslavie. Le constructeur slovène de Maribor produisait non seulement ses propres véhicules, mais également des modèles Magirus sous licence.
Photos : Split, 2016 ; Dubrovnik, 2016.
17 : TAM 80T35 plutôt rare dans cette version à double cabine et benne raccourcie. Photo : Pelješac, 2016.
18 : TAM 5500 à treuil – à peine distinguable du Magirus Saturn. Photo : Pelješac, 2016.
19 : De nombreuses voitures anciennes circulent encore sur les îles les plus petites. Une Renault 4 de Revoz sur chandelles à Grohote. Photo : île de Šolta, 2016.

20, 21. Neu lackierter, wohl in Sammlerhand befindlicher Zastava 1300, Lizenzbau des Fiat-Modells der 1960er Jahre. Foto: Dubrovnik, 2016.
22: Zastava 750 aus der Vogelperspektive. Foto: Insel Šolta, 2016.
23: Zastava war in Jugoslawien marktbeherrschend, aber auch andere Automodelle aus Ost und West hatten ihren Anteil an einem vergleichsweise bunten Straßenbild. Hier ein Škoda 120L. Foto: Matulji, 2006.

20, 21. A repainted Zastava 1300 which is most probably in collector's hands, a licence of the Fiat model of the 1960s. Photo: Dubrovnik, 2016.
22: A Zastava 750 pictured from above. Photo: Šolta island, 2016.
23: In Yugoslavia, the market was dominated by Zastava, but other car models from the East and the West also had their share on a comparatively coloured street scenery. Here a Škoda 120L. Photo: Matulji, 2006.

20, 21 : Zastava 1300 fraîchement repeinte, vraisemblablement aux mains d'un collectionneur ;
une licence du modèle Fiat des années 1960. Photo : Dubrovnik, 2016.
22 : Zastava 750 en perspective à vol d'oiseau. Photo : île de Šolta, 2016.
23 : Zastava était leader sur le marché yougoslave, mais d'autres modèles d'Est et d'Ouest contribuaient également à la diversité automobile sur les routes. Ici, une Škoda 120L. Photo : Matulji, 2006.

20

21

22

23

1

SLOWENIEN
SLOVENIA
LA SLOVÉNIE

Vielfalt auf kleiner Fläche
Diversity in a small space
La diversité dans un espace restreint

2

3

Ein Land wie eine Modellbahnanlage: kleinräumig, sauber, wohlgeordnet. Südseite der Alpen und ein wenig Adria. Nicht Balkan, sondern Mitteleuropa. Homogene Region innerhalb des früheren Vielvölkerstaates Jugoslawien. Kleinstädte, Schlösser, Karsthöhlen, Weinberge und ganz viel Wald. Lange Fremdenverkehrstradition. Frühe Industrialisierung und produktivste Teilrepublik Jugoslawiens. Gute Infrastruktur auf schwierigem Terrain. Höchster Lebensstandard innerhalb Osteuropas. Leider allzu oft nur Durchgangsland.

1: Slowenisches Autokennzeichen aus Maribor, ausgegeben vor dem EU-Beitritt. Bemerkenswert sind die grüne Umrandung und uneinheitliche Zahlen-Buchstaben-Kombinationen.
2: Auf dem Bahnhof von Črnomelj. Foto: 2011.
3: Slowenische Euro-Münzen (Rückseiten mit landestypischen Motiven).
4: Bunte Straßenszene im Karstdorf Col. Der Zastava 850 hat ein Nummernschild mit einer Schriftart, die 2004 bis 2008 verwendet wurde. Foto: 2011.

A country like a model railway scenery: small, clean, well organized. The southern side of the Alps and a little bit of the Adriatic Sea. Not the Balkans, but Central Europe. A homogeneous region within the former multi-ethnic state of Yugoslavia. Small towns, castles, karst caves, vineyards and a lot of forest. An old tradition of tourism. Early industrialization and the most productive republic within Yugoslavia. Good infrastructure on difficult grounds. The highest living standard in Eastern Europe. Unfortunately, too often a transit country.

1: A Slovenian number plate from Maribor, distributed prior to the entry into the EU. Remarkable here is the green frame and the inconsistent combination of numbers and letters.
2: At the Črnomelj train station. Photo: 2011.
3: Slovenian euro coins (the backside with themes typical for that country).
4: Colourful street scene in the Karst village Col. The Zastava 850 has a number plate with a type font in use between 2004 and 2008. Photo: 2011.

Un pays comme un décor de chemin de fer miniature : confiné, propre, bien organisé. Versant sud des Alpes et une partie de la côte adriatique. Ne fait pas partie des Balkans, mais d'Europe centrale. Une région homogène au sein de l'ancien État multinational de Yougoslavie. De petites villes, des châteaux, des grottes karstiques, des vignobles et beaucoup de forêts. Une grande tradition touristique. Une industrialisation précoce et la plus productive des républiques yougoslaves. Une bonne infrastructure sur un terrain difficile. Le niveau de vie le plus élevé en Europe de l'Est. Trop souvent un pays de transit.

1 : Plaque d'immatriculation slovène de Maribor, délivrée avant l'adhésion à l'UE. Noter le contour vert et les combinaisons inégales de chiffres et de lettres.
2 : À la gare de Črnomelj. Photo : 2011.
3 : Pièces en euro slovènes (côté face avec les motifs typiques du pays).
4 : Une scène de rue colorée dans le village karstique de Col. La plaque de cette Zastava 850 présente une autre typographie, utilisée de 2004 à 2008. Photo : 2011.

4

13: TAM 80T35 mit Wunschkennzeichen. Foto: Trbovlje, 2011.
14, 15: Eine Klasse leichter, aber gelegentlich sogar dreiachsig: Der IMV 2200D entstand auf Basis des DKW Schnellasters Typ 3 von Auto Union. Im Bild die überarbeitete Version (ab 1977). IMV kooperierte später mit Renault unter dem Namen Revoz; Firmensitz ist Novo mesto. Foto: bei Metlika, 2011.
16: TAM 75T3 als Feuerwehr. Foto: bei Ormož, 2011.
17: TAM 5500 als Feuerwehr. Foto: Kozje, 2011.

13: A TAM 80T35 with a personal licence plate. Photo: Trbovlje, 2011.
14, 15: A lighter vehicle with three axles: The IMV 2200D was created on the basis of the DKW Schnellaster type 3 from Auto Union. Here pictured the revised version (from 1977 onwards). Later, IMV cooperated with Renault under the name Revoz, with the headquarters in Novo mesto. Photo: near Metlika, 2011.
16: A TAM 75T3 fire truck. Photo: near Ormož, 2011.
17: A TAM 5500 fire engine. Photo: Kozje, 2011.

13

14

16

15

13 : TAM 80T35 avec une plaque personnalisée. Photo : Trbovlje, 2011.
14, 15 : Une classe plus légère, mais disponible en version à trois essieux : l'IMV 2200D a été conçu sur la base du DKW Schnellaster type 3 d'Auto Union. À l'image, la version restylée (dès 1977). IMV a ensuite coopéré avec Renault sous le nom Revoz ; le siège de l'entreprise se trouve à Novo mesto. Photo : près de Metlika, 2011.
16 : TAM 75T3 en camion de pompiers. Photo : près d'Ormož, 2011.
17 : TAM 5500 en camion de pompiers. Photo : Kozje, 2011.

17

4

5, 6: Citroën Dyane, gebaut bei Cimos (vormals Tomos) in der slowenischen Hafenstadt Koper. Das Modell löste 1967 den zuvor ebenfalls hier hergestellten 2 CV ab und war bis 1985 lieferbar. Fotos: Piran, 2011; Izola, 2011.
7, 8: Zastava 850 in Top-Zustand. Foto: Col, 2011.
9: Lada 2104 (Kombi). Im relativ wohlhabenden Norden Jugoslawiens war die Marke Lada nie besonders verbreitet. Foto: Ljubljana, 1997.
10: Zastava 101 als ehemaliges Polizeiauto. Man beachte hier die slowenische Beschriftung „Milica" im Gegensatz zur kroatischen „Milicija" auf Seite 211. Foto: Planina pri Sevnici, 2011.

5, 6: Citroën Dyane, manufactured at Cimos (former Tomos) in the Slovenian seaport town of Koper. This model replaced in 1967 the 2 CV which was also manufactured locally and was available until 1985. Photos: Piran, 2011; Izola, 2011.
7, 8: A Zastava 850 in excellent condition. Photo: Col, 2011.
9: A Lada 2104 (estate). The Lada brand was never really popular in the relatively wealthy north of Yugoslavia. Photo: Ljubljana, 1997.
10: A Zastava 101 here as a former police car. Noticeable is the Slovenian writing "Milica" in contrast to the Croatian writing "Milicija" on page 211. Photo: Planina pri Sevnici, 2011.

5, 6 : Citroën Dyane produite par Cimos (anciennement Tomos) dans la ville portière slovène de Koper. En 1967, la 2 CV également produite ici a été remplacée par ce modèle disponible jusqu'en 1985. Photos : Piran, 2011 ; Izola, 2011.
7, 8 : Zastava 850 en parfait état. Photo : Col, 2011.
9 : Lada 2104 (break). Dans le nord plutôt aisé de la Yougoslavie, la marque Lada n'a jamais été très répandue. Photo : Ljubljana, 1997.
10 : Zastava 101 en ancienne voiture de police. Noter l'inscription slovène « Milica », contrairement à l'inscription croate « Milicija » à la page 211. Photo : Planina pri Sevnici, 2011.

5

6

7

9

8

10

11

12

11: Der Tartini-Platz im malerischen Küstenort Piran ist heutzutage autofrei. Damals fand der Autor gerade noch eine Parklücke für seinen alten VW Passat. Foto: 1985.
12: Überall Kleinwagen aus jugoslawischer Lizenzfertigung. Und die Nummernschilder ziert noch der rote Stern. Foto: Škofja Loka, 1985.

11: The Tartini Square in the picturesque coastal town of Piran which is a pedestrian zone nowadays. At that time, the author managed to find a free parking space for his old VW Passat. Photo: 1985.
12: Small licence-built Yugoslavian cars everywhere and the number plates still display the red star. Photo: Škofja Loka, 1985.

11 : Aujourd'hui, la place Tartini du pittoresque village côtier de Piran n'est plus accessible aux voitures. À l'époque, l'auteur a tout juste trouvé une place pour garer sa vieille VW Passat. Photo : 1985.
12 : Partout de petites voitures de production licenciée yougoslave. Et les plaques arborent encore l'étoile rouge. Photo : Škofja Loka, 1985.

13: TAM 80T35 mit Wunschkennzeichen. Foto: Trbovlje, 2011.
14, 15: Eine Klasse leichter, aber gelegentlich sogar dreiachsig: Der IMV 2200D entstand auf Basis des DKW Schnellasters Typ 3 von Auto Union. Im Bild die überarbeitete Version (ab 1977). IMV kooperierte später mit Renault unter dem Namen Revoz; Firmensitz ist Novo mesto. Foto: bei Metlika, 2011.
16: TAM 75T3 als Feuerwehr. Foto: bei Ormož, 2011.
17: TAM 5500 als Feuerwehr. Foto: Kozje, 2011.

13: A TAM 80T35 with a personal licence plate. Photo: Trbovlje, 2011.
14, 15: A lighter vehicle with three axles: The IMV 2200D was created on the basis of the DKW Schnellaster type 3 from Auto Union. Here pictured the revised version (from 1977 onwards). Later, IMV cooperated with Renault under the name Revoz, with the headquarters in Novo mesto. Photo: near Metlika, 2011.
16: A TAM 75T3 fire truck. Photo: near Ormož, 2011.
17: A TAM 5500 fire engine. Photo: Kozje, 2011.

13

14

16

15

13 : TAM 80T35 avec une plaque personnalisée. Photo : Trbovlje, 2011.
14, 15 : Une classe plus légère, mais disponible en version à trois essieux : l'IMV 2200D a été conçu sur la base du DKW Schnellaster type 3 d'Auto Union. À l'image, la version restylée (dès 1977). IMV a ensuite coopéré avec Renault sous le nom Revoz ; le siège de l'entreprise se trouve à Novo mesto. Photo : près de Metlika, 2011.
16 : TAM 75T3 en camion de pompiers. Photo : près d'Ormož, 2011.
17 : TAM 5500 en camion de pompiers. Photo : Kozje, 2011.

17

18

19

20

18, 19: TAM 4500 und TAM 5000 als Imkerwagen. Fotos: bei Tolmin, 2011.
20: Das Karosseriewerk Avtomontaža in Ljubljana belieferte den jugoslawischen Markt mit speziellen MAN-Linienbussen (Typ SU220). Besonderheit ist der verlängerte hintere Überhang mit einer dritten Tür. Das erforderte den Einbau eines Unterflurmotors (wie bei damaligen Gelenkbussen) statt des üblichen Heckmotors. Foto: Škofja Loka, 1985.

18, 19: TAM 4500 or 5000 as apiculture trucks. Photos: near Tolmin, 2011.
20: The bodywork manufacturer Avtomontaža in Ljubljana supplied the Yugoslavian market with special MAN buses for the public service (type SU220). A special feature here is the extended rear overhang which has a third door. This required the installation of an underfloor engine (as the articulated buses had at that time) instead of the usual rear-mounted engine. Photo: Škofja Loka, 1985.

18, 19 : TAM 4500 ou 5000 en camion d'apiculteur.
Photos : près de Tolmin, 2011.
20 : L'usine de carrosserie d'Avtomontaža à Ljubljana a distribué des bus de ligne MAN spéciaux sur le marché yougoslave. Leur particularité est la partie arrière en porte-à-faux avec une troisième porte. Cela a demandé l'installation d'un moteur sous plancher (comme sur les bus articulés de l'époque) au lieu du moteur arrière habituel. Photo : Škofja Loka, 1985.

21

22

23

21: Im historischen Zentrum der Hauptstadt Ljubljana. Foto: 2011.
22: Das historische Rathaus von Maribor. Foto: 2011.
23: Ribčev Laz am glasklaren Wocheiner See. Foto: 2011.
24: Eine imposante Zugmaschine: Die Slowenischen Eisenbahnen (SŽ) verfügen über insgesamt 38 Exemplare dieser 20 Meter langen und 115 Tonnen schweren Ellok. Als Baureihe 363 wurden sie um 1976 vom französischen Konzern Alsthom an die Jugoslawischen Eisenbahnen (JŽ) geliefert, zunächst in gelber Lackierung. Der Loktyp lief natürlich auch in Frankreich. Foto: Ilirska Bistrica, 2011.

24

21: The historical centre of the capital Ljubljana. Photo: 2011.
22: The ancient city hall of Maribor. Photo: 2011.
23: Ribčev Laz at the crystal-clear Lake Bohinj. Photo: 2011.
24: An impressive locomotive: The Slovenian railway company (SŽ) possesses 38 units of these heavy electric locomotives measuring 20 m and weighing 115 t. They were built around 1976 as Series 363 by the French Alsthom group and delivered to the Yugoslavian railway company (JŽ); initially in yellow. This type of locomotive was of course also operating in France. Photo: Ilirska Bistrica, 2011.

21 : Dans le centre historique de la capitale Ljubljana. Photo : 2011.
22 : La mairie historique de Maribor. Photo : 2011.
23 : Ribčev Laz au bord du lac cristallin de Bohinj. Photo : 2011.
24 : Une locomotive imposante : la société ferroviaire slovène (SŽ) possède 38 exemplaires de cette locomotive électrique d'une longueur de 20 mètres pour un poids de 115 tonnes. Elles ont été fournies à la société ferroviaire yougoslave (JŽ) par le groupe français Alsthom vers 1976 sous le nom de série 363, en jaune à l'origine. Bien entendu, ce type de locomotive circulait également en France. Photo : Ilirska Bistrica, 2011.

CONSTRUCTEURS DE VÉHICULES

66 constructeurs automobiles d'Europe de l'Est – une vue d'ensemble *(la liste non-exhaustive pour la période 1950-1990)*

Autosan	Pologne : Sanok. Usine de trolleybus.
Avtomontaža	Yougoslavie > Slovénie : Ljubljana. Carrosseries de bus (notamment MAN, Mercedes, Magir
AZLK (usine automobile du Komsomol léniniste)	URSS > Russie : Moscou. Marque automobile Moskvič.
Čavdar	Bulgarie : Botevgrad. Bus (licence Škoda, Kässbohrer, Steyr).
Cimos (Tomos jusqu'en 1972)	Yougoslavie > Slovénie : Koper. Mobylettes, voitures (licence Citroën).
ČKD Tatra	ČSSR > République tchèque : Prague. Plus grand constructeur de tramways du bloc de l'
Csepel	Hongrie : Budapest. Camion, moteurs, motos.
Dacia (anciennement UAP, usine automobile de Piteşti)	Roumanie : Piteşti. Voitures (licence Renault). Cédé à Renault en 1999.
Electroputere	Roumanie : Craiova. Locomotives (licence Sulze), tramways.
ErAZ (ou YerAZ) (usine automobile d'Erevan ou Yerevan)	URSS > Arménie : Yerevan. Camionnettes.
FAP (usine automobile de Priboj)	Yougoslavie > Serbie : Priboj. Camions et bus.
FAS Sanos (usine d'autobus de Skopje)	Yougoslavie > Macédoine. Bus.
Faur (anciennement Malaxa)	Roumanie : Bucarest. Véhicules ferroviaires.
FSC Lublin (usine de camions de Lublin)	Pologne : Lublin. Minibus, camionnettes (nom de marque Żuk).
FSM (usine de véhicules à petite cylindrée)	Pologne : Bielsko-Biala, Tychy. Marques de voitures Syrena, Fiat-Polski.
FSO (usine d'automobiles particulières)	Pologne : Varsovie. Marques de voitures Syrena, Warszawa, Polonez. Cédé à Daewoo en 1
Ganz-MÁVAG	Hongrie : Budapest. Locomotives, wagons ferroviaires, équipements électriques.
GAZ (usine automobile de Gorkij)	URSS > Russie : Nižnij Novgorod. Camions, marques de voitures Pobeda, Volga, Čajka.
Goša	Yougoslavie > Serbie : Belgrade. Trolleybus.
Gothaer Waggonfabrik (usine de wagons de Gotha)	RDA : Gotha. Tramways pour toutes les sociétés de RDA.
IFA (association industrielle de construction automobile)	RDA. Marques de voitures Trabant, Wartburg, Barkas, Robur, Multicar. Motos Simson.
Ikarus	Hongrie : Budapest. Plus grand constructeur de bus du bloc de l'Est. Au sein d'Irisbus dès 199
Ikarus	Yougoslavie > Serbie : Zemun. Production de bus sous licence. Dès 1993 : Ikarbus.
IMV (industrie de véhicules motorisés)	Yougoslavie > Slovénie : Novo mesto. Depuis 1988 : Revoz. Licences DKW, Austin, Renaul
Iž (usine automobile d'Iževsk)	URSS > Russie : Iževsk. Usine filiale du constructeur AZLK/Moskvič.
Jelcz	Pologne : Jelcz-Laskowice. Usine de trolleybus et de camions.
JuMZ (usines de machines du sud)	URSS > Ukraine : Dnipropetrovsk. Tracteurs, trolleybus.
KamAZ (usine automobile de la Kama)	URSS > Russie : Nabereżnye Čelny. Camions, bus.
Karosa	ČSSR > Rép. tchèque : Vysoké Mýto. Branche trolleybus de Škoda/LIAZ. Au sein d'Iveco dep. 20
KAvZ (usine automobile de Kurgan)	URSS > Russie : Kurgan. Bus sur la base de camions GAZ.
KAZ (usine automobile de Kutaisi)	URSS > Géorgie : Kutaisi. Camions. KAMP dès 2006 (pièces automobiles).
Konstal	Pologne : Chorzów. Tramways. Cédé à Alstom en 1997.
KrAZ (usine automobile de Kremenčuk)	URSS > Ukraine : Kremenčuk. Véhicules utilitaires lourds.
Kuban / AvtoKuban	URSS > Russie : Krasnodar. Bus spéciaux.
LAZ (usine d'autobus de Lviv)	URSS > Ukraine : Lviv. Bus, trolleybus.
LiAZ (usine d'autobus de Likino)	URSS > Russie : Likino. Bus. Intégré à GAZ en 2005.
LIAZ (usine automobile de Liberec)	ČSSR > République tchèque : Jablonec nad Nisou. Branche de véhicules utilitaires de Ško
LuAZ (usine automobile de Loutsk ; LuMZ jusqu'en 1967)	URSS > Ukraine : Loutsk. Véhicules amphibies.
Litostroj	Yougoslavie > Slovénie : Ljubljana. Acier, production sous licence Renault (jusqu'en 1972
MAZ (usine automobile de Minsk)	URSS > Biélorussie : Minsk. Camions, bus.
MTZ (usine de tracteurs de Minsk)	URSS > Biélorussie : Minsk. Tracteurs, véhicules agricoles.
Oltcit	Roumanie : Craiova. Voitures (licence Citroën). Cédé à Daewoo en 1993.
PAZ (usine d'autobus de Pavlovo)	URSS > Russie : Pavlovo. Minibus sur base de GAZ.
Praga	ČSSR > République tchèque : Prague. Véhicules utilitaires en coopération avec Tatra et Av
Rába	Hongrie : Győr. Bus, véhicules spéciaux, moteurs.
Rade Končar	Yougoslavie > Croatie : Zagreb. Locomotives, tramways. Aujourd'hui Končar.
RAF (usine automobile de Riga)	URSS > Lettonie : Riga, Jelgava. Fourgonnettes, camionnettes.
Revoz	Yougoslavie > Slovénie : Novo mesto. Production sous licence et montage de voitures Renaul
Rocar DAC	Roumanie : Bucarest. Bus et trolleybus (notamment sous licence MAN), camionnettes (marque T
Roman (anciennement IAB, usine de camions de Braşov)	Roumanie : Braşov. Camions, bus (licence MAN).
RVR (usine de construction de wagons de Riga)	URSS > Lettonie : Riga. Wagons ferroviaires, tramways.
Škoda (AZNP)	ČSSR > Rép. tchèque : Mladá Boleslav. Voitures, branche camions/bus séparée, locomotives.
Star	Pologne : Starachowice. Usine de camions.
TA (usine de réparation automobile de Tartu)	URSS > Estonie : Tartu. Camionnettes en petites séries.
TAM (usine automobile de Maribor)	Yougoslavie > Slovénie : Maribor. Camions, bus. Depuis 2001 : TVM.
TAS (usine automobile de Sarajevo)	Yougoslavie > Bosnie : Vogošća. Volkswagen Coccinelle et Golf produites sous licence.
Tatra	ČSSR > Rép. tchèque : Kopřivnice. Voitures, aujourd'hui camions lourds. Dès 2011, coop. avec D
UAZ (usine automobile d'Oulianovsk)	URSS > Russie : Oulianovsk. Camionnettes, véhicules tout-terrain.
Oural / OuralAZ (usine automobile de l'Oural)	URSS > Russie : Miass. Camions lourds. Aujourd'hui intégré à GAZ.
VAZ / AvtoVAZ (usine automobile de la Volga)	URSS > Russie : Togliatti. Marques de voitures Lada, Žiguli.
Velorex	ČSSR : Solnice, Rychnov nad Kněžnou. Tricycles motorisés. Arrêt de la production en 1973.
Zastava (« Drapeau »)	Yougoslavie > Serbie : Kragujevac. Voitures, utilitaires (licence Fiat).
ZAZ (usine de construction automobile de Zaporijia)	URSS > Ukraine : Zaporijia. Voitures. Cédé à Daewoo en 1998.
ZIL (usine de Lichačëv ; ZIS jusqu'en 1956 usine Staline)	URSS > Russie : Moscou. Voitures, camions, bus.
ZiU (usines d'Ouritski)	URSS > Russie : Engels. Plus grand constructeur mondial de trolleybus. Depuis 1996 : Trolz
ZSD Nysa (usine automobile de Nysa)	Pologne : Nysa. Minibus, camionnettes.